谈天说地
走近宇宙的现场

张天蓉　著
郑永春　审校

上海科学技术文献出版社
Shanghai Scientific and Technological Literature Press

图书在版编目（CIP）数据

谈天说地：走近宇宙的现场 / 张天蓉著 . —上海：
上海科学技术文献出版社，2023
ISBN 978-7-5439-8939-9

Ⅰ . ①谈… Ⅱ . ①张… Ⅲ . ①宇宙—普及读
物 Ⅳ . ① P159-49

中国国家版本馆 CIP 数据核字（2023）第 182287 号

组稿编辑：张 树
责任编辑：王 珺
特约审读：王瑞祥
装帧设计：留白文化 郝强 张丹

谈天说地：走近宇宙的现场
TANTIANSHUODI: ZOUJIN YUZHOU DE XIANCHANG
张天蓉 著
出版发行：上海科学技术文献出版社
地 址：上海市长乐路 746 号
邮政编码：200040
经 销：全国新华书店
印 刷：商务印书馆上海印刷有限公司
开 本：880mm×1230mm 1/32
印 张：11.75
字 数：240 000
版 次：2023 年 10 月第 1 版 2023 年 10 月第 1 次印刷
书 号：ISBN 978-7-5439-8939-9
定 价：118.00 元
http://www.sstlp.com

⊗ 还原人类认识宇宙的现场
——《谈天说地：走近宇宙的现场》推荐序

　　这是一本优秀的天文科普图书，值得你慢慢品读。

　　一是实现了古代天文学与现代天文学的统一。就像自然界的动物、植物、岩石、矿物一样，星空也是自然界的重要组成部分。自古以来，有很多博物学家广泛收集、分门别类、系统整理自然界的天地万物，从中发现隐含其中的自然规律。例如，很多人都以为法布尔是一位昆虫学家，因为他曾经写过一本风靡世界的《昆虫记》。但法布尔其实是一位博物学家，他不仅关心地上的山川草木、鸟鱼虫兽，还对天上的星星感兴趣，写过一本不太为人所知的科普图书《天空记》。本书整理了中国古代天文领域的成就，建立了中国古代天文与现代天文之间的联系。中国有长达 4000 年连续的天文观测历史。古代的中国人非常重视天文学。战国时期的天文学家甘德和石申观测记录天象并编写世界上最早的天文学著作《甘石星经》。明末清初的大学问家顾炎武曾经认为，"三代以上，人人皆知天文"。也就是说，在蛮荒时代，是否具备基本的天文知识，直接关系到一个人的基本生存能力。即便在今天，形容一个人知识渊博最贴切的比喻，仍然是"上知天文，下知地理"。中国人把皇帝称为天子，天子治理国家要尊崇天庭的旨意，天命不可违，所以圣旨的开篇都是"奉天承运，皇帝诏曰"，这样才能对百姓有震慑力。为了培养治理人间社会的人才，古人设立了国子监。为了满足封建社会对皇权天授的要求，培养解读天意、给社会运行提供合法授权的人才，设了钦天监，历史上也叫司天监，以观象授时为主要使命。

古人长期观测日食、月食、彗星、流星等天文现象，以及金木水火土等五颗肉眼可见的行星在天空中的出没规律，并整理成册，占卜吉凶，报告给皇帝。这些成体系的观测记录并不完全出于人类的好奇心，却对现代天文学研究很有价值，也让国际上一些古代科技史专家极为羡慕。因为汉字无论是字形还是含义都极为稳定，没有发生太大的变化，使之成为全世界唯一可以解读的古代天文记录。这里举一个例子，蟹状星云是一颗超新星爆发的遗迹，但它何时爆发的一直存疑，天文学家从《宋史·天文志》1054 年 7 月 4 日的记录中找到了它的证据，"客星出天关东南可数寸，岁余稍末"。因此，这条观测记录很可能是人类历史上第一次目击的超新星爆发事件。

中国古人信奉天人合一，把北半球的整个天空划分成三垣四象二十八宿的星官体系，对应地上的皇宫、大臣、市集、城池等，把地上的九州映射到天上位，通过观测日月五行在其中的出没，来监督和促进社会治理。元代的天文学家郭守敬改制和发明了简仪、高表等12种新的天文仪器，制定出当时世界上最先进的历法《授时历》，通行360多年。2010年4月，中国科学院国家天文台主持建设的国家重大科技基础设施"LAMOST望远镜"正式更名为"郭守敬望远镜"，以纪念其贡献。古人还整合了阴历和阳历，划分了二十四节气，创造了农历这一独具创造性的历法，并用来指导农事。在相当长的时间里，这都是全世界最先进的历法之一。

古埃及、古罗马、古印度等古代文明，都曾经发展出各自的天文学，独立发展，都有过辉煌的时代。他们很早就知道地球是圆的，通过简单的几何运算，知道了地球的大小、日地和地月之间的距离。西方人创建了区别于中国古代星官体系的星座体系，把天上的星星连成线，描绘成动物和神灵等。如今已经成为国际天文界普遍认可的官方标准。当然，西方天文学也有过黑暗的时代。中世纪的天主教为了维护宗教的权威，限制天文学的发展，让哥白尼闭嘴，把伽利略软禁，将第谷烧死在罗马的鲜花广场。

1609年是个转折点。这一年，伽利略在荷兰眼镜商人的基础上，发明了天文望远镜，并把它对准了天空。他发现，金星和水星都有相位的变化，就像月亮在一个月内的盈亏圆缺那样；他发现，木星周围环绕着四颗卫星。这些直接的观测证据，破除了地球是宇宙中心的观念，让哥白尼提出的日心说被广泛接受，推翻了统治世人 2000 多年的地心说。

伽利略还发现，月亮上到处都是坑坑洼洼的环形山，并不像神话传说中形容的那么完美，破除了天上的星星都是神灵，完美无缺、不可亵渎的观念。天上的星星不再是神圣不可冒犯的，而是一个个普通的星球，天文学家可以通过数学和物理的计算，精确预测它们的出没规律。这些科学事实，让宗教权威不能再自说自话，而是要符合科学的新发现。

光学望远镜是人类认识宇宙的眼睛。中国古代虽然出现了琉璃，发明了远销海外的精美瓷器，却没有发明透明的、能让光线自由穿越、汇聚或扩散的玻璃。由于长期缺少望远镜这一观天利器，中国人在现代天文学的发展中极大地落后了，在明清以来的很长一段时间中，只能在西方主导的天文学框架内进行工作，割断了中国古代天文与现代天文观测之间的联系，以至于如今很多人已经不知道中国古代天文曾经有过的辉煌历史。

二是实现了天文和航天科普知识的有机融合。天文学在很长时间里，都是坐地观天的代名词，直到航天时代的到来，把望远镜送入太空。来自宇宙的信号，由于被地球大气层屏蔽或干扰而无法在地面观测。借助火箭、卫星等航天器的力量，我们把望远镜送入太空，在不受大气层干扰的情况下，观测遥远的、暗弱的宇宙。这极大地拓展了天文观测的能力，发展出了伽马射线天文学、X 射线天文学、红外天文学等分支学科。加上地面上大型射电望远镜的发展，让天文学家发现了很多以前无法知道的重要规律。

由于受专业背景制约，很多人往往会把天文和航天割裂开来。只要讲到航天，只讲火箭、卫星、空间站、探测器。只要讲到天文，就只讲望远镜和各种天体物理知识，这其实是不对的。就像空间天文这个学科给我们展示的无限前景一样，天文和航天密不可分。航天技术的应用，极大地拓展了天文学观测的波段、观测的精度，这种全面、完整的观测，让我们能够综合各种信息，系统而全面地认识宇宙。

中国的空间天文事业从零起步，目前已经有悟空号暗物质粒子探测卫星、羲和号太阳探测卫星、夸父一号先进天基太阳天文台、"慧眼"硬 X 射线调制望远镜等。很快，我们还将迎来与中国空间站共轨飞行的巡天望远镜，给中国空间天文事业带来一个重要的发展契机。

与此同时，中国的地面天文事业也在快速发展，我所在的中国科学院国家天文台主持建设了郭守敬望远镜，已经成为世界上光谱获取率最高的光学天文望远镜。通过对几千万条光谱数据的统计分析，我们取得了富锂巨星的真实身份等一系列新发现。在南仁东先生的不懈努力下，我们建成了中国天眼——500 米口径球面射电望远镜，成为全世界最大的单口径射电望远镜。中国天眼的观测灵敏度极高，可以在未来长达十几二十年的时间里保持世界领先。借助中国天眼，天文学家在脉冲星、引力波等领域取得了一系列重要成果，为人类认识宇宙做出了中国人独特的贡献。

航天是一个系统工程，把不同专业的人组织起来，实现个人不可能实现的艰难目标，推动了中国航天事业的快速发展。嫦娥四号成功登陆月球背面，开创了人类历史的第一次。嫦娥五号取回 1731 克月壤，成为半个世纪以来的首次登月采样，发现 20 亿年前的月球仍然有岩浆活动。天问一号成功登陆火星表面的乌托邦平原，使中国成为与美国并驾齐驱的能够成功登陆火星的国家。而在未来，我们还将探索对地球有潜在威胁的小行星、探测木星系统，甚至已经规划了太阳系边际探测任务。2022 年底，中国建成了中国空间站，并将长期运行，成为开展学科交叉和国际合作研究的国家太空实验室。

嫦娥奔月终将成为现实。月球是中国古人最关注的星球，嫦娥奔月、吴刚伐桂、玉兔捣药、蟾宫览胜这些神话故事和无数的诗词歌赋印证了这一点。随着探月工程的进展，月球成为中国人集中火力挑战的目标。嫦娥六号、七号、八号已经立项，登陆月球南极，建设月球科研站将从蓝图成为现实。2030 年左右，中国将实现载人登月，创造另一个重要的历史性时刻。

三是弥合了人文社会科学与自然科学的隔阂，每一篇的篇首都有一首古诗点题。古人关注日月星辰的运行，将其与人类社会的喜怒哀乐相联系。从专业角度，本书涉及的内容包括行星科学、古代天文、物理学、数学、航天技术等不同学科，作者驾轻就熟地运用这些不同学科的知识，把一个个离散的知识点融会贯通，形成一条有机的叙事线。作者具有坚实的理工科背景，并在此基础上，具备了深厚的人文素养。

四是符合青少年科学教育的需求。本书采用了大量古代科技史的素材，让读者回到人类历史的现场，这对青少年学习科学极有帮助，为中小学老师上好科学课提供了重要的学习素材。随着现代科技的快速发展，前沿科学离普通人越来越遥远，一些人已经被抛下这列高速行驶的列车，很难理解科学家在做什么，为什么要这么做，很难理解他们在做的事情与我们的日常生活有什么联系。本书详细介绍了古人认识宇宙的过程，带领读者回到科学研究的原点，展现人类认识宇宙的关键过程。这对青少年而言尤为有益，因为他们认识宇宙的过程，就像从一张白纸开始，逐步把他们对宇宙的理解和认识描绘下来，还原科技史的现场。

作者以宇宙学研究中的一个个问题为牵引，把数学、物理、天文等不同学科的知识融会贯通，整合起来，分析问题、解决问题，是跨学科学习的真实案例。这也让大家意识到，要创作一本受到读者欢迎，有深度、成体系的科普图书，与做好研究一样，同样需要长期的积累和多方面的创新，很不容易。

五是澄清了关于宇宙学的一些误解，展望了未来的发展前景。例如，我在中小学和科技馆做科普报告的时候，很多人会问我，宇宙的外面有什么？是否存在平行宇宙？既然宇宙是大爆炸产生的，那么大爆炸之前的宇宙是什么样子的？这本书告诉我们，当你了解宇宙学的全貌之后，你会发现这些问题本身并不存在。

相比于古人来说，今天的人们对宇宙的理解已经极为丰富。但是相比于庞大、漫长、复杂的宇宙而言，我们所知道的一切仍然微不足道。过去，我们提出了相对论和量子力学，来解决宇宙学发展过程中的重要瓶颈。未来，我们依然面临暗物质、暗能量等重要障碍。就像物理学家牛顿说的那样，"我不知道在世人看来我是什么样子，但在我自己看来，我只是像一个在海边玩耍的孩子，不时为拾到比通常更光滑的石子或更美丽的贝壳而欢欣鼓舞，而展现在我面前的是完全未探明的真理之海"。

本书展现了从引力波探测、黑洞成像、登陆火星，到新近发射的詹姆斯韦伯太空望远镜等前沿进展，告诉读者，宇宙究竟是什么样子的？宇宙从何而来？宇宙未来会向何处演化？不仅呈现我们还不知道的关于宇宙的事实，而且客观记录了人类筚路蓝缕、突破重重艰险，将我们对宇宙的认识，发展到如今这个状态的过程。

除了知道地球是圆的，在绕着太阳转之外，大多数人对宇宙的了解与古人相比并没有什么明显进步。因此，要做好天文科普，依然任重道远。这也是本书作者常年致力于天文科普的重要动力之一。

"四方上下曰宇，往古来今曰宙"。宇宙是启迪智慧、震撼心灵的重要源泉。令人欣慰的是，中国人对天的敬畏，依然如故。中国人对天的向往，依然强烈。很多人对天文很感兴趣，为中国航天事业的进展感到自豪，特别是在青少年身上。

年轻人适合在科技前沿冲锋陷阵，而功成名就者应该专注于著书立说、启迪后人，唯其如此，科技创新之火才能生生不息，越来越旺。我期待越来越多具有深厚专业基础的科学家加入科普创作的行列。

鄙人不才，勉为其难，是为序。

卡尔萨根奖获得者
中国科学院国家天文台研究员

2023 年 9 月

PREFACE
前言

    宇宙茫茫，星辰无数。头上的星空，自古以来就激发着人们无尽的好奇和无穷的想象。探索宇宙太空的奥秘，是人类永恒的梦！本书带你遨游太空，回溯宇宙；了解天体物理，见识航天成就……

    本书分为四大部分，遵循两条互相交错、彼此纠缠的主线：一条是人类对太空认知和探索活动的与时俱进，另一条是随着我们的视线距离而展开的浩瀚宇宙。例如，第一篇"飞出摇篮"，简要叙述人类对太阳系的探索史。从古代希腊及古中国说起，从人类飞天的梦想，火箭开发航天起步，到美苏竞争，登陆月球。人类第一次飞出了地球这个摇篮，眼界也扩大到了太阳系的范围……

    人类的祖先用神话故事来描述满天的繁星。从古希腊漫天的英雄众神爱恨情仇，到中国的帝王宫斗民间传说，人们把世

间的酸甜苦乐搬到了天上，既有发泄又有寄托，其中也不乏有
识之士，借助于天象，宣传和弘扬宗教，创立及深究哲学。

帝王需要观星占卜，以巩固皇权和延年益寿；从事生产活
动的农民则需要记录农耕时间等以制定合适的历法；出海航行
者需要从天象变化来判别气象变化潮起潮落。这些活动最终都
促进了天文学、数学，及其他科学的发展。

尽管天上的星星是如此迷人，变化多端，古代的人们仍然
将地球看作是具有特殊地位的宇宙中心，理由很简单：天上所
有的星星不是每天都在绕着地球转圈吗？更详细的天文观测，
不久便打破了人们的这种观念。天文学家明白了产生这一切错

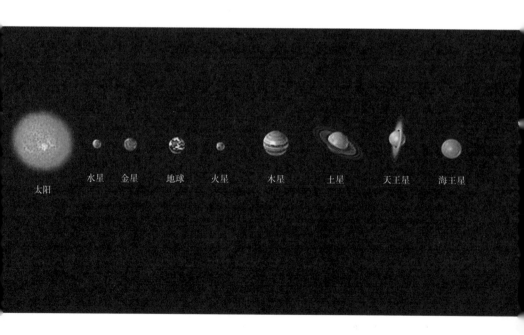

太阳　　水星　金星　地球　火星　木星　土星　天王星　海王星

觉的原因是地球在自转！有了自转的概念之后，地心说及日心说相继建立，人类终于迈步向前，走到了科学的门口。

我们的行星不是宇宙的中心，太阳系、银河系，都不是宇宙的中心。在平行宇宙理论中，甚至于我们能看见的宇宙，也不是宇宙的中心。对于宇宙的追问不只是科学问题，更是哲学问题。宇宙是随机的，还是设计的虚拟现实？怎么恰恰就有了星系、恒星、行星的形成，以至于生命乃至你我的出现呢？

一切难以回答的问题和技术的进步，使人们萌生了新的愿望：企图奔月飞天！望远镜为人类开启了"第三只眼"，战争硝烟中飞出了第一支火箭。美苏竞争促进了航天，数万科学家和工程师们的心血，凝聚于爱因斯坦的理论与哈勃的实践！

航天事业和天文观测并进，不但让我们更为深刻地认识了地球、月亮、太阳系、银河系……也让我们大开眼界，观察到无数的河外星系，星系还组成更大的星系团。因此，在第二篇"天外有天"中，我们从银河系开始，讲述哈勃等如何发现了河外星系，建立了测量宇宙学。更为神奇的是，几个太空望远镜的发射，以及它们出乎意料、卓有成效的观测结果，不断带给人们一次又一次的惊喜！小小的望远镜，不仅验证了科学理论，还开辟了宇宙学的新纪元。

从爱因斯坦的广义相对论，人们得到宇宙中天文现象的许多预言。其中最典型的是黑洞、引力波、宇宙膨胀、时空弯曲等等。令科学家们尤为兴奋的是，这些神奇的预言已经一个一个被证实。它们已经成为科学宝库中的实验事实，而不再停留于科幻。近年来，人类多次探测到黑洞的存在、黑洞的运动，还拍下星系中心黑洞的照片。几年前，人类第一次接收到两个恒星黑洞碰撞时发射的引力波。第三篇"时空边缘"，便着重叙述人类对黑洞这种时空奇点的探测，及第一次接收到引力波的故事。它们是近年来天文学、宇宙学中难得的进展。

本书最后一篇"宇宙奥秘"，介绍一些宇宙学的基本知识和进展。

如前所述，在爱因斯坦广义相对论的指引下，宇宙学得以建立和发展。人类如今能用科技的手段，探索诸多过去难以回答的问题：宇宙从何而来？年龄是多长？范围有多大？怎样演化，才成了今天的模样？人类如何通过望远镜，了解到宇宙的过去，望到了宇宙的边缘？这些谜一样的问题，当今科学如何回答？

如今流行的宇宙演化模型（俗称"大爆炸模型"），已经基本被当前的宇宙学术界之主流所认可，也得到一些天文观测事实的支持。了解一下这个理论，也许会在一定的程度上，给你某些启示，为你解决有关宇宙问题的困惑。但是，宇宙只有一个，很难用它来反复做实验。所以说，现有的科学理论是否对这些问题给出了正确的答案，是很难验证的。因此，难以理解的大爆炸宇宙模型或许会带给你更多的疑问和困惑，也是理所当然。

在浩大无垠的宇宙面前，人类显得如此渺小！不过，人类几千年的努力，以及若干学者的奉献，也创造了值得我们引以为傲的科学，包括本书中介绍的天文学和宇宙学在内。科学是推动人类文明社会进步的原动力，希望读者读完此书后，能让你知道这两门学科的大概，深切体会科学发展之精髓：登高望远无止境，前辈精神永流传！

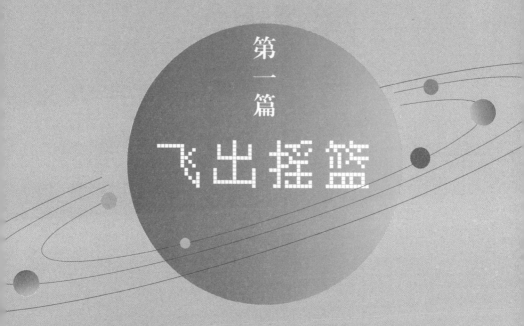

"地球是人类的摇篮，但人类不会永远被束缚在摇篮里！"

——齐奥尔科夫斯基

第一篇

飞出摇篮

PART 1

宇宙逍遥 谈天说地

第一章
繁星闪烁

"日月之行，若出其中。星汉灿烂，若出其里。"

——东汉·曹操

　　德国哲学家康德的一段名言，被铭刻在他的墓碑上。那段话主要说的是康德认为最值得敬而畏之的两件天下大事：一是我们头顶的璀璨星穹，二是人心中的道德准则。

　　满天的繁星，不仅令人敬畏，还孕育了人类文明中无数的神话、想象和宗教。不过，古代神话完全不同于天文现实，让我们……

牛郎织女何年会

1.1 ▪ 从牛郎织女说起

"天阶夜色凉如水，卧看牵牛织女星。"——唐·杜牧

"迢迢牵牛星，皎皎河汉女"，"盈盈一水间，脉脉不得语"。
人类用星星寄托对美好爱情的向往。然而，神话不是天文，现
实宇宙中的牛郎星与织女星何年何月才能相会呢？

牛郎星的学名叫"牵牛星"或"河鼓二"，或"天鹰座 α"，
是天鹰座中最亮的恒星。织女星，正式名称叫"天琴座 α"，是
天琴座中最明亮的恒星。这两颗星星相距 16.4 光年，光年是距
离的单位，是光走一年的距离，即 1 光年 =9.46 兆（9.46×10^{12}）
千米。比如说，地球到太阳的距离 =8 光分，光走 8 分钟。那
么，16.4 光年的长度就比日地距离要大多了。所以，牛郎星和
织女星电话联系一来一回也要 32 年，相会就更困难了。

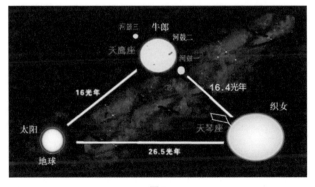

图 1
牛郎、织女、太阳三颗恒星的距离

如图 1 所示，牛郎星和织女星离我们太阳系的距离分别是

第一章 繁星闪烁

走近宇宙的现场

谈天说地

003

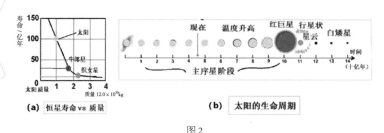

图 2
恒星的寿命和演化模型

16 光年和 26.5 光年。不过，比较起银河系 10 万光年的盘面直径，1000 光年的厚度而言，牛郎、织女这两颗恒星绝对算是我们的"近邻"！

恒星和生命一样，也有其诞生、演化和死亡的过程。恒星的寿命与质量有关，见图 2。我们以后（第四章）再补讲恒星演化模型的来龙去脉，这儿只利用它来预测一下恒星的未来。这三颗恒星目前的状态，比较起它们可能的寿命而言，都是"星到中年"。太阳的质量 $=2.0 \times 10^{30}$ 千克，表面温度 5500 摄氏度左右，它的寿命约 100 亿年，目前是 45.7 亿岁，见图 2（b）。牛郎星质量 = 1.8 太阳，表面温度在 7000 摄氏度左右，寿命 30 亿年，目前 12 亿岁。织女星质量 =2.1 太阳，表面温度为 8900 摄氏度左右，它的寿命 10 亿年，目前是 4.6 亿岁。

恒星演化中有一个极限质量（8 倍太阳质量），大于这个质量的恒星最后成为黑洞或中子星，否则便是白矮星。虽然太阳、牛郎和织女这三颗恒星质量不同、大小各异，但却将殊途同归，它们的质量均小于极限质量，因此最后的结果都是白矮星。太阳目前的体积等于一百万个地球，但它成为白矮星后，体积将缩小到地球一般大小。因此，白矮星的密度极高，从其中挖一块小方糖大小（1 立方厘米）的物质，重量可达到一吨！牛郎星和织女星也大同小异！ 所以，过了 70 亿年之后，三颗星星都"死亡"了，三具白矮星尸体，沿着各自的轨道绕银心旋转，飘荡在仍然活跃的银河系中。"牛郎和织女"，至死也难见一面。

也有人说，目前牛郎星以大约 26 千米 / 秒的速度在靠近我们，织女星则以大约 14 千米 / 秒的速度在靠近我们，若干亿年后，有可能相会啊。

然而，它们都不是作匀速直线运动！谁知道呢？总之，相会的概率极小。

1.2 ▪ 古代天文学

中国古代不止牛郎织女一个传说故事，嫦娥奔月、吴刚伐桂、玉兔捣药、后羿射日、夸父追日、女娲补天……众多的神话寄托着人们对太空世界的拟人化和想象力。

1.2.1 中国古代天文

无论是出于何种目的，卜卦占星，或是其他需要，古代中国的某些天象记录，是堪称世界一绝的。古代中国拥有一系列堪称世界之最的独家天象观测文献。中国早在 4000 年前就注意观测和记录天象，历代的天文官和民间的天文学家始终注重观测天象并记录。因此，中国古代的天象记录内容丰富、资料翔实，这点在世界上可算是独一无二。

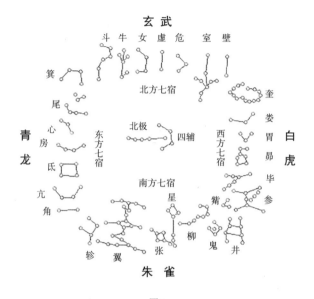

图 3

中国古代有三垣："太微垣、紫微垣、天市垣"，七曜："日、月、金、木、水、火、土"、四象："东方苍龙、北方玄武、西方白虎、南方朱雀"、二十八宿等星宿星官的分类方法

夏代仲康的"书经日食"，约发生在公元前 2128 年 10 月 13 日，是天文学家公认的世界上最早的日食记载。据《尚书·夏书》记载，夏代仲康时期，负责观测天象的官员羲和失职，没能及时预告日食，但仍然有当日食现象出现时的一些观察记录。据说从大约公元前 1400 年开始，中国已有规律地记录日食与月食：例如，公元前 776 年，中国《诗经·小雅》："十月之交，朔日辛卯，日有蚀之……"

哈雷彗星的记录：如《春秋》记载："鲁文公十四年（公元前 613 年）七月，有星孛入于北斗。"这是哈雷彗星的最早记载。到 1910 年为止，中国史书对哈雷彗星出现的记载多达 31 次[1]。西方对这颗彗星的记录最早是公元 66 年，比中国要晚 670 余年。

《竹书纪年》中载有夏桀十年（约公元前 1580 年）"夜中星陨如雨"，这是世界上最早的关于流星雨的记载。据《春秋·庄公七年》记载："鲁庄公七年，夏四月辛卯夜，恒星不见，夜中星陨如雨。"鲁庄公七年是公元前 687 年，距今已有 2700 多年。这是世界上关于天琴座流星雨的最早记录，而且它还开启了中国古代对流星雨观测与记录的先河。

《汉书·五行志下之下》记载，西汉"河平元年（公元前 28 年），三月己未，日出黄，有黑气，大如钱，居日中央"。这是世界公认的最早的明确的太阳黑子记录。

有关新星或超新星的记录：公元前 532 年，"周景王十三年春，有星出婺女"，可能是新星的记录。185 年 12 月 7 日，东汉中平二年乙丑，《后汉书·天文志》载："中平二年（185 年）十月癸亥，客星出南门中，大如半筵，五色喜怒，稍小，至后年六月消。"这是世界上最早的超新星记录。

另外，《汉书·天文志》详细地记载了公元前 32 年 10 月 24 日出现的一次极光，这是世界上较早的精确的极光观测记录。

中国古代的天象记录十分发达，的确算是一种与"天文"有关的活动，但却远不是现代意义上的"天文学"。因为这些观

---

[1]哈雷彗星的周期是 75.3 年，从公元前 680 年到 1910 年，出现 37 次左右。

测资料仅仅是记录下来的数据，没有升华到任何谈得上是"天文学"的理论。中国古代有当时世界上最丰富、最有系统的天文观测记录，记载了不少当时看起来十分"奇异"的天象。用当今的观点，重新考证这些几千年前的观测记录，可以为现代天文学研究提供丰富宝贵的历史资料。

况且，当时观测天象的目的，既不是为了探索大自然的秘密，也不见得是为了帮助农业，预测旱涝洪水或任何气象灾难，而完全是为封建帝王服务的。中国的历代帝王，大多都迷信于"天数"，企图利用天象服务于人事。因此，中国古代的天象观测主要有两个目的，一是造历，二是星占。中国天文学落后的另一个原因是古代天文学被皇权垄断，禁止民众私自研究天文，如有犯者，罪同造反，将被斩首。当时从事天文观测的人，原本不算科学家，而是占星家一类的人士，或者是管理历法和星象的官员。十分有趣的是，这些人绝对想不到，他们观察到且记录下来的天象，如今成为现代天文研究的宝贵财富。从这个意义上来说，他们当之无愧地可以被称为"天文学家"。所以，中国古代没有天文学，但却有天文学家。

例如，古代战国时代（公元前 4 世纪）齐国天文学家甘德，据说用肉眼观察到了伽利略一千多年后用望远镜看到的木星的卫星木卫三。甘德与同时代的魏国天文学家石申，合著的《甘石星经》，是仅次于巴比伦星表的第二早的星表。

1.2.2　中国古代宇宙观

古中国谈不上天文学，但宇宙学的思想距离现代学说不太远，中国古代有好几个宇宙模型：宣夜说、盖天说、浑天说，并称为"伦天三家"，其中浑天说是最接近地心说的理论。西汉民间天文学家落下闳（公元前156—公元前87），是浑天说创始人之一，曾创立了中国古代第一部有完整的文字记载的新历法，制造了观测星象的浑天仪。东汉的张衡（78—139）解释和确立浑天说，作出了杰出贡献，他在《浑天仪注》中说："浑天如鸡子。天体圆如弹丸，地如鸡子中黄……"认为天是一个圆球，地球在其中，就如鸡蛋黄在鸡蛋内部一样。并且，张衡认为"天球"之外还有别的世界，"宇之表无极，宙之端无穷"，是无穷宇宙的观点。认为天是球状的，像个鸡蛋，天相当于蛋壳，大地像蛋黄。虽然说"大地像蛋黄"，但深究下去，浑天说表示的只是"天把大地像蛋黄一样包在当中"的意思。张衡仍然认为"天圆地方"，大地是平面的，周围是水，平面的大地浮在水上。

遗憾的是，中国人从未发现大地是球形的，亦未能提出一个基于逻辑、数学的宇宙体系。浑天说离地心说也许只有一步之遥，但中国人两千年也没有跨过去。

1.3 ▪ 古希腊人的天文和宇宙

从现代物理观点，天文学和宇宙学是两码事，但在古代，研究的学者都是同一批人，两者也没有明确界限，天空上就那么几个天体，也就是人类的整个宇宙。天文多一些与天体运动规律有关的计算，宇宙学多一些想象成分，以及宇宙来源和演化的猜测。

1.3.1 地平还是地圆

希腊人很早就认识到地球是个"球"，恐怕与他们是海洋民族有关。

古代人如何判断地是平的，还是圆（球面）的呢？那时候没有精密的观测仪器，只能靠眼睛远远地望过去了。例如，设想你站在一望无际的平原上，或置身于一望无垠的大海中，如果地是一个无限伸展的平面的话，你的视线可以一直伸展过去，物体将越来越小，越来越小，看起来连续地变小，直到你的眼睛看不见它为止，如图4（a）所示，但不应该是如同我们看见的太阳那样"上升、下降和消失掉"。如果地球是圆球向下弯的话，你的视线却弯不了，所以，你只能看见某个圆圈以内的东西，如图4（b）所示，那个圆圈就是我们平时所说的地平线。

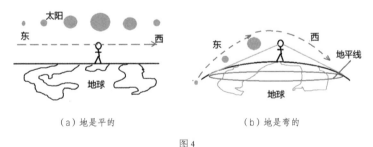

（a）地是平的　　　　　　　　（b）地是弯的

图 4
地球是平面和球形的区别

人们从生活实践中也都见过"地平线"，当你坐船航行在大海上，视野中是一望无际的海洋，一直延伸到很远很远有一条线的地方，那是天和水的交接之处。你转一个圈，发现四面八方的线连在一起形成了一个圆圈，早上的太阳从圆圈的东方某处升起，黄昏时分的落日掉向圆圈的另一边。这个标志着天地相接处的圆周，就是地平线。简言之，地平线就是人们的"可观测区域"与"不可观测区域"的分界线。图4（b）中的圆周将地球表面分成了两个部分，观察者可以看得到圆周以上的地球表面及其他物体，但看不到圆周以下的东西。

航海远行是海洋民族的生活方式，每天都能在广阔无垠的大海上观察地平线附近发生的事情。例如，你发现远方来了一艘帆船，你会先看到桅杆顶上的一小点，然后，发现桅杆的长度逐渐增加，最后，才慢慢地看到船身，就像从海下面升上来一样，其原因就是海平面有弧度。

在陆地上活动的人就没有那么容易"极目楚天"了，树木和山丘挡住了他们的视线，使得他们很少看见地平线。但其实，从太阳的上升下落也很容易得出地面是球面的结论的，否则，你如何解释太阳黄昏时就掉下去看不见了，而早上又升起来了呢？

希腊人很早就建立了日、地、月这些天体都是球形的概念，并且试图建立天体运动的数学模型。米利都学派的阿那克西曼德，认为天空是一个完整球体，围绕着北极星转，而地球则是一个自由浮动的圆柱体，而稍后的毕达哥拉斯第一次提出地球是球形。

毕达哥拉斯学派的菲洛劳斯比他的前辈更上一层楼，他甚至认为地球不是宇宙的中心，而只是一个穿过空间自转运行的普通球体。菲洛劳斯提出，宇宙中共有 10 个天体。中间的叫作"中心火"，其他 9 个围绕着"中心火"运行。因为古人认为 10 才是完美数，而当时天文观测到 8 个天体（日月地金木水火土），所以菲洛劳斯虚构了"中心火"和"对地星"这两个额外的天体。"中心火"不能被人直接看到，但人们看见的太阳是它对这火团的反射。"对地星"呢，就更看不到了，因为它永远藏在太阳的另一面，总是位于与地球相对应的位置上。

古希腊天文最耀眼之处是它的数学特征，古希腊天文学家都是杰出的数学家。正因为如此，古希腊天文学不仅仅有天象变化、星球移动的观察记录，还有不少以数学为基础的、设想天体如何运动的理论模型。

1.3.2 泰勒斯的预言

据说世界第一位科学家、数学家和哲学家泰勒斯（Thales，公元前 624—公元前 546）利用他学到的天文知识，预测到了公元前 585 年的一次日食。这点可见于古希腊历史学家希罗多德在其史学名著《历史》中之记述：

"米利都人泰勒斯曾向爱奥尼亚人预言了这个事件，他向他们预言在哪一年会有这样的事件发生，而实际上这话应验了。"

据说在那年，米堤亚和吕底亚的军队正准备打仗，泰勒斯的预言阻止了这场战争，因为古希腊人将日食视作上天将惩罚人类的一种警告，交战双方自然不愿违背天意，于是便签订了停战协议。

后人对泰勒斯预言日食这件事颇有争议。根据现代天文学的知识，那是公元前 585 年 5 月 28 日的日食，根据人类当时的天文观点，泰勒斯当然不可能从"日地月"的运动位置关系上来作出日食预测，泰勒斯应该无法准确地给出日期，但泰勒斯有可能得到了古巴比伦人从一个世纪的天文观察资料所总结的"日食按照 233 个朔望月周期重复出现"之规律，从而能够推断出哪一年将重复发生日食，能预料一个大概的年月。

泰勒斯晚上没事时喜欢一边散步一边抬头看天象，也冥思苦想哲学问题，脑海中则免不了思绪翻滚、腾云驾雾。但他只知研究天上的星星，却看不到自己脚下的大坑，有一次不小心掉进了井里，女仆听到叫喊声后，才好不容易将他救了上来。

1.3.3 古希腊人的天文计算

柏拉图时代的数学家、力学家和天文学家欧多克斯（Eudoxus of Cnidus，公元前 408—公元前 355），是第一个尝试对行星运动进行数学解释的人。

欧多克斯使用一种同心球模型来描述天体的运动。例如，太阳、月亮的运动分别用 3 个同心球的合成运动来描述。五大行星，金木水火土，则分别用了 4 个同心球。

另一位天文学家阿波罗尼奥斯（Apollonius of Perga，约公元前 262—约公元前 190），也是几何学家，对圆锥曲线进行了深入的研究。他著有《圆锥曲线论》八卷，其中详细讨论了以不同平面切割圆锥面得到的各种不同类型的圆锥曲线之特征，为一千八百多年后开普勒、牛顿、哈雷等学者研究行星和彗星轨道提供了宝贵的数学基础资料。

阿波罗尼奥斯在天文学中提出的本轮模型，成为希腊天文学最终的顶峰成果。他最早提出行星运动的"均轮和本轮"模型，之后，该模型被托勒密发表在《天文学大成》一书中，并用以解释当时所知五颗行星的逆行，以及从地球上观察行星显而易见的距离变化等天文现象。希腊科学家很早就开始利用计算和测量，估计地球、太阳、月亮的大小，以及它们之间的距离。充分体现出当时天文学家高超的数学水平。

埃拉托色尼（Eratothenes，约公元前 275—约公元前 194）曾经设计出经纬度系统，计算出地球的直径。他曾经在亚历山大图书馆担任管理员和馆长，与阿基米德是好友。亚历山大图书馆位于埃及的亚历山大港，两者均因马其顿王国国王亚历山大大帝（亚里士多德的学生）而得名。

在他居住的亚历山大港附近的赛伊尼（现为埃及的阿斯旺），有一口深井，当一年之中夏至那天的正午时分，太阳位于天顶，光线直射入深井中，水中明显可见太阳之倒影。在同一天，他发现，对于相距约 500 英里外的亚历山大港，太阳却偏离天顶一个角度。如果在地上立个标杆，测量标杆影子的长度便能测得这个偏离角，结果为 7.2 度左右，然后，埃拉托斯特尼利用这些信息以及三角形和圆形的几何形状经过简单的计算来推断地球的周长，见图 5。

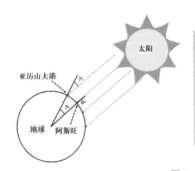

图 5
埃拉托色尼测量地球大小

现在普遍认为，当时埃拉托色尼计算出的地球周长在 39,690 千米到 46,620 千米之间，作为两千多年前的结果，与现代测量实际周界 40,008 千米比较，算是很不错了。

塞琉西亚的塞琉古是希腊化时期的巴比伦天文学家。他继承了古希腊天文学的成果，也提倡日心说，并解释了潮汐形成的原因。塞琉古第一个说明了潮汐是由月球吸引产生，且潮汐的高度与月球和太阳的相对位置有关。

喜帕恰斯（或译希帕求斯），他记载了 1,000 多个恒星的位置和亮度，并将这些星星分成从 1 等星到 6 等星，6 个等级。有"方位天文学之父"之称。

皮西亚斯是古希腊的航海家，他为了科学目的而航海探险，到靠近北极的位置，观察到北极极昼现象，并发现夜晚只有两个小时，他也是第一位记载极昼、极冠的人。

古希腊及希腊化时期，还有不少其他的数学家加天文学家。

1.3.4 安提基特拉机械

继巴比伦人之后，古希腊和希腊化时代，科学家们在天文学方面取得了重大进展。希腊天文学的特点是从一开始就寻求对天体现象的理性和物理解释。

在公元前 2 世纪，喜帕恰斯发现了岁差，计算了月球的大小和距离，并发明了已知最早的天文设备，如星盘。喜帕恰斯还创建了一个包含 1,020 颗恒星的综合目录，北半球的大部分星座都来自希腊天文学。

还有一件事说明古希腊天文学（及技术）之发达。1990 年左右，人们从爱琴海的一艘沉船中打捞出来一架齿轮机械，称为安提基特拉机械，专家们鉴定它的制造年代是在公元前 150 年—公元前 100 年之间。开始以为它是一台古希腊水钟，但仔细研究后发现比水钟要复杂得多。图 6 左图可见的是机械中最大的齿轮，直径大约 140 毫米。最后确定它是古希腊时期为了计算天体在天空中的位置而设计的青铜机器，也就是模拟地心模型，因此可以算是世界上两千多年前人类制造的第一台模拟计算机了。

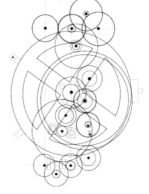

图 6
安提基特拉机械

安提基特拉机械的小型化和复杂性可与 19 世纪机械钟表相比。它有超过 37 个齿轮，见图 6 右图。它借由一个曲柄输入一个日期，该机械就可算出日月或行星等其他天体位置。因为该机械是以地球表面观测天球者为参考坐标，因此该仪器是基于地心说的。

该机械有三个转盘，一个位于前方的转盘至少有三个指针，第一个指针指示日期，另外两个则分别指示太阳和月球位置。安提基特拉机械设计用于计算给定日期的太阳、月亮和行星的位置。复杂性类似的科技人工制品直到 14 世纪才重新出现，如当时在欧洲出现了机械的天文钟。

第二章 何处是中心

"天地玄黄，宇宙洪荒。"——《千字文》

2.1 ▪ 古希腊的日心说

宇宙中心学说方面，古希腊有好几个天文学家偶然有过"太阳是中心"的思想。例如，上面提到过的公元前 400 年左右的菲洛劳斯的"中心火"模型。但最早有所记载、正式提出日心说的是公元前 3 世纪的天文学者阿里斯塔克（Aristarchus，公元前 315—公元前 230）。他在计算了地球、太阳的大小及距离后，发现太阳比地球大很多，所以提出了日心说。阿里斯塔克认为地球和其他行星都围绕太阳运转，而不是反过来，因此被称为"希腊的哥白尼"[1]。

公元前 3 世纪，阿里斯塔克曾在亚历山大博物馆做研究。

阿里斯塔克早就认识到地球和行星一边自转一边围绕太阳转的规律。他尝试测量地球和太阳间的距离,估计了月亮和太阳的大小,提出地球小于太阳的观点,也提出了地球和行星围绕太阳旋转的太阳系(日心说)模型,可惜他的看法当时未被人们广泛接受。阿里斯塔克85岁时在亚历山大城过世,1800年之后,他的日心说理论才被哥白尼发展和完善。

实际上,好几位古希腊天文学家,都已经从天象观测中知道,天体的运动并非完美的圆形,他们用几何知识很容易解决这个问题,因为不是圆形的天体运动轨迹可以看成是圆的组合。本轮 – 均轮基本模型便是将行星运动首先看成是这两个圆的组合而得到的。最早这种想法是阿波罗尼奥斯在公元前3世纪提出的,喜帕恰斯也经常采用,后来成为300年之后的托勒密地心体系的基本构成元素。现代人很少知道阿波罗尼奥斯和喜帕恰斯的,所以一般将功劳统归于托勒密名下。

2.2 ▪ 托勒密的宇宙

对天文学感兴趣的人大都会知道托勒密的名字,他是古希腊天文学的集大成者,他的著作《天文学大成》在哥白尼之前的一千多年中被奉为经典。

克罗狄斯·托勒密(Claudius Ptolemaeus,约90—168)既是数学家,又是天文学家和地理学家。在天文学和宇宙学方面，他是地心说的代表人物。尽管地心说后来被日心说代替，但在当时是颇具进步意义的。

托勒密把各个行星按顺序排列成：月亮、水星、金星、太阳、火星、木星、土星、恒星。这个顺序在被日心说体系和第谷体系取代之前一直是天文学的标准观点。

古希腊人认为圆是最完美的图形，便自然地用圆来描述行星的运动。那时候人类观察到的最近地球的天体，实际上是五大行星加上太阳和月亮，这里用"行星"一词作代表。因此，天文学家首先给每一个行星都赋予一个叫"本轮"的圆圈，见图1（a）。人类立足于稳固而牢靠的地球上，每天晚上都看到各个天体循环往返，于是，便给整个宇宙图像加上一个大大的圆圈，众星都沿着它转动，这就是均轮。

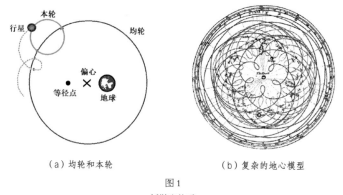

（a）均轮和本轮　　　　　　　（b）复杂的地心模型

图1
托勒密体系

再回到托勒密的地心系统。从图1（a）可见，在本轮均轮模型中，地球并不在均轮的中心，而是偏向一侧，中心处称为"偏心"，另外在与地球对应的偏心的另一侧，引进了一个"等距点"，或称等分点。将均轮画成这种偏心均轮是为了解决均轮上行星运动不是匀速的问题。相对于等分点而言，行星运动的角速度便成为均匀的。

在托勒密系统的模型中，每颗行星都有不同的本轮和均轮。如果两个圆圈仍然不足以描述天体的观测数据的话，托勒密（以及使用这个系统的后人）便给这个天体加上更多的圆圈，如此下去，圆圈套圆圈，使得行星的运动模型变得十分复杂，为托勒密理论带来骂名。例如，火星给套上了 13 个轮子，据说到了 13 世纪的葡萄牙国王阿方索十世（Alfonso X，1221—1284）的时代，每一颗行星都需要 40~60 个小圆来进行轨道修正！不但方法烦琐，形式也不美观，但是无论如何，它能够推算天体的复杂运动，因此，托勒密的行星运动模型被人类使用了一千多年。

实际上，托勒密系统的复杂性，并非完全来自使用了"地球为中心"的原因，本轮之所以有存在的必要，是因为使用了理想的"圆"作为行星的轨道。事实是，行星轨道是椭圆，太阳是位于椭圆的一个焦点上。即使是一千多年后，哥白尼将众星环绕的中心移至太阳，一开始也困惑于这个复杂机制。

《天文学大成》是西方天文学史上最具影响力的著作之一。在书中，托勒密通过引入一个新的数学工具——偏心匀速点——解释了行星运动的预测方法，这是喜帕恰斯所未能做到的。《天文学大成》是一部系统性的天文学论著，综合了许多前人的地理、模型和观测结果。这可能正是使得它得以流传下来，而不像其他专门性著作一样被忽视和失传的原因。

十分有趣的是，如今大家都知道托勒密以地心说而留名，却不太了解他为了地心说编制了一个"弦表"，为编弦表而研究几何及三角，发现和证明了托勒密定理，参与创立和发展了三角学。

托勒密的"弦表"相当于现代的正弦函数表，它结晶了古希腊的数学文明，是欧氏几何后古希腊数学的又一重大成就，标志着代数的延续、三角的发展以及它们与几何的联姻。

三角学最早的奠基人是希腊的喜帕恰斯。喜帕恰斯也有许多天文观测结果。托勒密正是继承和发展了喜帕恰斯等的研究成果，创立了地心说。

在现代数学中，有了丰富的三角知识，有了微积分和泰勒展开方法之后，编制三角函数表已经不是问题。但是在古希腊时代，这项工作非常困难。

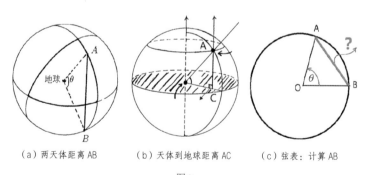

（a）两天体距离 AB　　（b）天体到地球距离 AC　　（c）弦表：计算 AB

图 2
天文学中计算距离需要"弦表"

天文学中需要计算各种距离，因此需要任意角度下的三角函数数值，称之为"弦表"。例如图 2（a）所示，有两个天体 *A* 和 *B*，为简单起见，假设 *A*、*B* 位于以地球为球心的同一个球面上。我们从地球上观测到两天体之间的角度是 θ，那么，如何估计这两个天体的距离呢？图 2（b）所示的是估计天体 *A* 到某个地平面的距离 *AC*。这两个三角形的问题最后都化为图 2（c）中计算对应于圆心角 θ 的弦长 *AB* 的问题。因为 $AB=2\sin(\theta/2)$，因此，也就是说，天文学需要一个正弦函数表，即"弦表"。

托勒密《天文学大成》的"弦表"中，列出了半径为 1 时，圆心角 θ 从 0 度到 180 度，间隔为 0.5 度的所有角度所对应的弦长 *AB*。他怎么做到这点的呢？

我们不详细介绍他的方法，只简要说明思路。

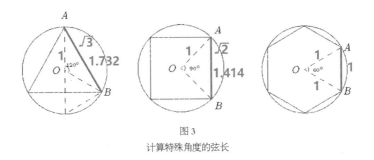

图 3
计算特殊角度的弦长

首先，可以从一些特殊的角度出发。例如，如图 3 所示，利用古希腊人对几何的研究，将圆内接正多边形的性质结合毕达哥拉斯定理，可以求到 $\theta=120$ 度，90 度，60 度等的弦长分别是：1.732，1.414，1。还可以利用正五边形、正十边形等的对称性，得到圆心角为 36 度和 72 度等的弦长。

然后，托勒密证明了一个非常有用的托勒密定理：圆内接四边形的两对角线之乘积等于两个对边乘积之和。用图 4 中的记号表示，就是：$AC \cdot BD = AB \cdot CD + AD \cdot BC$。托勒密定理的奇妙之处，在于可以将现代三角学中的不少公式证明出来，比如和差公式、半角公式等，如图 4 右图所示。

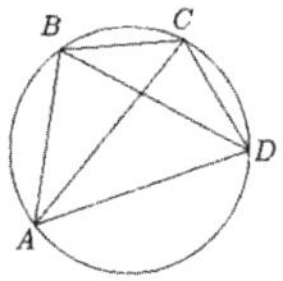

$$\sin(\alpha \pm \beta) = \sin\alpha\cos\beta \pm \sin\beta\cos\alpha$$

$$\sin\frac{\alpha}{2} = \sqrt{\frac{1-\cos\alpha}{2}}$$

图 4
托勒密定理和三角公式

有了这些三角公式，可以计算更多角度的三角函数，最后托勒密制成了弦表。如今，托勒密在天文学上以地心说为核心的研究，已经随着物理学的发展而被淘汰，但由此动力应运而生的三角学，却继续发展，万古长青。

2.3 ▪ 哥白尼的《天体运行论》

比较托勒密和哥白尼的理论和所处的年代，不过是把坐标点从地球移到了太阳，中间却间隔了一千多年！

尼古拉·哥白尼（Nicolaus Copernicus，1473—1543）是波兰人，生平中的 70 年主要在波兰和意大利度过。他的父亲是富商，且活跃于政坛，母亲是当地贵族和市议员的女儿。哥白尼十岁到十二岁间父亲去世，他由他的舅父领养。舅父是当地知名人士，他的财富、关系和影响力为哥白尼的良好教育提供了保障。

哥白尼当时的职业既不是天文也不是物理，而是一名神父和医生。不过最后，天文学成为他毕生的追求和兴趣。因此，哥白尼在天文学方面是"大器晚成"，他在波兰波罗的海边上的弗伦堡，建了一个小天文台供自己观测研究使用，后来被称为"哥白尼塔"。不过哥白尼很少进行天文观测，他的日心说体系，主要是靠前人的观测结果，加以思考和计算而形成的。哥白尼钻研托勒密的著作，看出了托勒密的结论和科学方法之间的矛盾之处，认识到天文学的发展道路，不应该继续"修补"托勒密的旧学说，而是要建立宇宙结构的新理论。

其实哥白尼知道几位古希腊天文学家所提出的日心说观点，并在他早期的手稿中表示十分赞同。

哥白尼在40岁左右写了一篇匿名短文，后来被人称为《短论》，表述了他的基本想法：地球并非宇宙的中心，太阳才是中心，除月球以外的所有天体都绕太阳旋转，只有月球是绕地球旋转，因而，地心仅是月球运动的中心，以及地面上物体下落的中心。哥白尼还认识到，人们所看到的太阳及天体每天看起来的"升落"运动，实际上是因为地球自转的原因产生的视觉效果。但这篇《短论》文章直到哥白尼死后才被发表，影响远不如他的《天体运行论》。

哥白尼通过观察和计算，得到精确度惊人的数值。例如，他得到恒星年的时间为365天6小时9分40秒，比精确值约多 30 秒，误差只有百万分之一；得到的月亮到地球的平均距离，误差只有万分之五。1533 年，60 岁的哥白尼在罗马做了一系列的讲演，提出了日心说的要点，但是他出于对教会的恐惧，将他的日心说思想，在脑袋里放置了十几年，直到临死的那一年——1543 年，才将《天体运行论》付印出版。但他仍然害怕出版会招致攻击，因而特别注明将此书献给教宗保禄三世，还提到不要使用经文来对抗科学著作，希望能在教宗的保护下过关。据说在哥白尼弥留之际，这本书被送到他的病榻前。大师用双手在书脊上摩挲了一会儿，脸上泛起一丝满足的微笑，随后 1 小时左右，便安然离世而去。

哥白尼的学说是人类对宇宙认识的革命，它使人们的整个世界观都发生了重大变化。哥白尼的书对伽利略和开普勒的工作是一个不可缺少的序幕。他俩又催生了牛顿力学，是他们的发现才使牛顿有能力确定运动定律和万有引力定律，从而开启了近代物理学，或真正意义上的物理学。从历史的角度来看，《天体运行论》是当代天文学的起点——当然也可算是现代科学的起点，也是人类探求客观真理道路上的里程碑。哥白尼的伟大成就，开创了整个自然界科学向前迈进的新时代。从哥白尼时代起，脱离教会束缚的自然科学开始获得飞跃的发展。

哥白尼将他的著作取名为"运行"。在他看来，运动才是生命的真谛——运动存在于万物之中，上达天空，下至深海。没有什么东西是静止的，一切东西都在生长、变化、消失，千秋万代永续不停。《天体运行论》这一著作，就是要揭示大自然这一最本质的秘密。哥白尼的这一观点，肯定了客观世界的存在和它的规律性，闪耀着朴素的唯物主义哲学的光辉。

2.4 ▪ 哥白尼之后

如今回头看历史，天主教会是在《天体运行论》出版七十多年之后的 1616 年，才发出了对该书的禁令。对天文学家而言，也许哥白尼的理论在当时太过超前，《天体运行论》发表 60 年之后，整个欧洲大陆总共也才只有约 15 位天文学家支持哥白尼：其中包括布鲁诺、伽利略、开普勒等。

哥白尼去世之后的 17 世纪，科学家对天体运动的描述有 3 种数学模型：托勒密的"地心说"、哥白尼的"日心说"，还有第谷的"地缘日心说"。

丹麦天文学家第谷·布拉赫（Tycho Brahe，1546—1601）当年并不是哥白尼的支持者，但他对日心说的完善举足轻重。

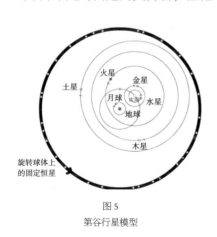

图 5
第谷行星模型

第谷发现托勒密地心说理论描述的行星运动数据有很大的误差，但对哥白尼的日心说也不满意。1577年，第谷通过观测丹麦上空一颗巨大的彗星，认为彗星的轨道不可能是完美圆周形，必然是被拉得长长的。1583年第谷出版了《论彗星》一书，提出一种介于地心说与日心说之间的理论，被称为第谷行星模型，或地缘日心说。第谷认为，地球作为静止的中心，太阳围绕地球作圆周运动，而除地球之外的其他行星则围绕太阳作圆周运动，见图5。

第谷的宇宙模型企图将托勒密体系和哥白尼体系结合到一起，认为太阳、月亮和恒星就像地心说描述的那样围绕静止的地球旋转，而行星就像日心说描述的那样围绕太阳旋转。

第谷对科学革命最大的贡献，并非他的行星系统，而是他对天体进行的详细而准确的观测。这些观测资料，为他最著名的助手、德国天文学家约翰内斯·开普勒（Johannes Kepler，1571—1630）后来的研究提供了大量的观测数据。要知道，那还是用肉眼观察天体的时代，第谷得到这些宝贵数据是相当不容易的。

开普勒比第谷要晚出生25年，尽管有一些通信交往，但实际上开普勒真正作为第谷的助手，只是在第谷逝世前很短一段时间。开普勒从求学时代开始就是哥白尼学说的捍卫者，迷上天文学，但因童年患过天花而使他视力衰弱，双手残疾，限制了他天文观察的能力。不过，开普勒突出的数学天赋最终成就了他。

开普勒曾经多次尝试说服第谷接受日心说但均未成功。第谷坚信他自己的模型，甚至在临死前还希望开普勒在继续完成鲁道夫星表时，要采用他第谷的行星系统，不要用哥白尼的。

从1600年1月，开普勒启程到布拉格见第谷，直到1601

年 10 月，第谷在布拉格出席宴会后突然得肾脏病并于 11 天后去世，总共还不到两年。第谷突然逝世，开普勒立刻被委任为第谷的继任者，完成第谷未完成的工作。开普勒可以拥有和使用原来第谷获得的整体资料——所有的行星观测数据，开普勒如获至宝，因此，接下去的 11 年是开普勒一生中最为多产的时间。开普勒在大约 1605 年，就认识到行星运动的轨迹不是圆而是椭圆，太阳位于椭圆的一个焦点上，从而进一步对哥白尼系统进行改造，发现了之后被称为"开普勒定律"的行星三大定律，说明了行星围绕太阳旋转的理论。这三大定律使开普勒成为 17 世纪科学革命的关键人物，并对后来的艾萨克·牛顿影响极大，启发牛顿后来发现万有引力定律。

根据开普勒定律，行星轨道是椭圆。将这点因素加进哥白尼体系的计算中，才使得日心说在实用效果上彻底战胜了地心说。开普勒于 59 岁时就去世了，留下他自创的墓志铭："我曾测天高，今欲量地深"，"灵魂来自天际，肉体长眠大地"。

支持哥白尼理论的另一个重要人物是意大利物理学家伽利略·伽利雷（Galileo Galilei，1564—1642）。

伽利略活到 78 岁，比开普勒早生 8 年，晚去世 12 年，是同时代的人物。实际上，罗马天主教会是在后来伽利略和布鲁诺等大力宣传日心论时，才真正关注哥白尼的书，并因而于 1616 年对哥白尼的日心说著作发出了禁令。在禁令的 16 年之前（1600 年）布鲁诺已被烧死，但这个时间的差别并不能说明烧死布鲁诺的原因中不包括宣传了日心说这一条。尽管今人对布鲁诺的死因仍有争议，但无论教会烧死他是因为他支持了日心说还是别的什么"异端邪说"，都说明当年的教会不能容忍科学家"自由思想"的精神，何况使用的是如此恐怖的刑法！

伽利略本是一个虔诚的基督徒，但他同时是个求真的科学家，因此他极力使他的著作能够让科学从哲学及宗教中彻底分离出来，但在那个时代背景下，这是他力所不能及的，最后作品被禁，他自己也没能避免被教会审讯，终身软禁的命运。直到 1992 年，教皇保罗二世还公开道歉，承认对伽利略的判决是错误的，这种认错精神也的确可贵。

当开普勒忙于处理第谷的数据，遨游于行星运动的数学世界之时，伽利略正对着天空兴致勃勃地折腾他的望远镜。

伽利略的望远镜使人类探索天空的眼界大开。他亲自用观测结果证明了地球和其他行星都在绕着太阳转，地球不是宇宙的中心。例如，他发现木星有 4 个卫星，仔细观测这些卫星的运动可发现，它们是绕着木星转的而不是像地心说宣称的"所有天体都必须围绕地球转"。伽利略在 1610 年 3 月出版的《星际信使》一书中对此进行了详细介绍。

开普勒得到伽利略的《星际信使》后，也寄给他自己的呕心之作《新天文学》。也许因为当时的伽利略太热衷于他的天文观测了，开普勒寄了书后，却没有得到伽利略的任何反响，这令开普勒十分失望，因为书中包括了开普勒提出的有关行星运动之物理定律的内容。

不过，伽利略最后宣称自己支持日心说，还两次到罗马，向人们鼓吹日心说是"真理"，宣称它与基督教的经文并不冲突。

也许仅仅信奉哥白尼学说还不算触犯权威，把日心说当作占星的工具也不错啊，只要能准确地预测就行。但是，如果如伽利略那样鼓吹它是"真理"就非同小可了。因此，不久后伽利略就受到了教会指控，被斥为异端，面临教会的审判。压力之下的伽利略只好表面承认自己的"过错"，最后如我们所知道的，他遭遇了终身监禁。

科学家后来又认识到太阳也不是中心，太阳系身处的银河系也不是宇宙的中心，宇宙无中心，银河系只是一个独立的星系，并且在银河系外还存在别的星系。这些星系都在远离银河系，科学家还以此发现宇宙正在膨胀。

第三章 "飞天奔月梦"

"大鹏一日同风起，扶摇直上九万里。"——唐·李白

　　自古以来，人类就梦想登月飞天。如今，古人之梦想已部分实现，正在一步一步地更上一层楼！这其中的关键技术是什么？是火箭……

3.1 ▪ 万户飞天

"峨峨云梯翔，赫赫火箭著。"——唐·韩愈

"铁球步帐三军合，火箭烧营万骨干。"——宋·释行海

　　古代最早的火箭出现于中国宋代。在火药发明后，将纸筒包裹的火药绑于箭杆上用于推进箭矢作为武器便称作火箭。燃

烧的火药能使箭增大飞行高度和距离。

波兰历史学家德鲁果斯的《波兰史》记述，1240 年左右，蒙古大军在与 3 万波兰人和日耳曼人联军的激战中，使用了威力强大的火器，被称作"中国喷火龙"，那就是火箭。明朝又有"一窝蜂""火龙出水"等中国火箭。

据说在 1304 年，阿拉伯人亦将黑火药应用在军事上，放在竹或铁制的管内，以发射箭支。

中国人不仅发明了火箭用于战争，还出了一位用火箭飞天的第一人！谁说人不能飞上天呢？勇敢的万户用自己做试验。见图 1。

传说万户是明朝一位木匠。喜欢钻研技巧，对技术发明方面特别痴迷，从军后

47支烟花筒

图 1
万户飞天

改进过不少当时军队里的刀枪车船。万户的本领是在明王朝同瓦剌的战事中被班背将军发现的。但将军性格耿直不得志，最后被政敌杀害。失去了知己的万户厌恶了官场和人世，想到月球上去生活。为了实现自己的意愿，万户潜心研究班背将军遗留下来的《火箭书》，并用自己的知识给予完善。他造出了各种各样的火箭……

在一个月明如盘的夜晚，万户带着仆人来到一座高山上。他坐在绑上了 47 支火箭的椅子上，手里拿着风筝，他让仆人点燃引线，使得火箭尾部喷火，座椅飞向了天空！然而一瞬间，火箭就爆炸了，万户也为此献出了生命。因此，他成为国际公认的"世界航天第一人"，国际天文学联合会将月球上的一座环形山以这位古代的中国人命名。

尽管万户的试验以失败告终，但基本原理与之相同的现代火箭技术，却一次又一次地在航天活动中取得了成功。这要归功于几个现代火箭技术的先驱人物。

3.2 ▪ 火箭历程

古人犹作太空梦，火箭先驱坎坷行。冰冻三尺非一日之寒，尽管航天大业起始于最原始的火箭，但要克服地球引力把物体真正送上太空，却凝聚了无数科学家的心血。

3.2.1 火箭之父

他是一名俄国人，他是中学教师，他是个聋子，他是业余研究航天理论的"民科"，他是航天之父……他叫齐奥尔科夫斯基（Tsiolkovsky，1857—1935）[2]。

少年时代的齐奥尔科夫斯基就立志要研究太空！他去莫斯科学习，自学成才后回到家乡担任中学教师，工作之余潜心研究航天理论，在著名化学家、周期表发现者门捷列夫的帮助和支持下，齐奥尔科夫斯基在学界崭露头角、渐有名气，出版了多部关于宇宙航行的著作。

齐奥尔科夫斯基使得"航天"走出了"天马行空、不着边际"的幻想，成为一门脚踏实地、可以实现的科学。他阐明了航天飞行理论，提出了火箭公式，计算了第一宇宙速度，指出了火箭怎样才能冲出地球大气层，从理论上证明了利用多级火箭可以达到宇宙速度。

齐奥尔科夫斯基为研究宇宙航行和火箭发动机奠定了理论基础。谁能把他的"现代火箭"理论变为现实呢？当年从美国和欧洲，倒是走出了好几个热衷火箭的实干者和冒险家，有人受尽冷嘲热讽不泄气，有人年纪轻轻为造火箭而丢了性命含笑黄泉，也有活得长的，一直活到九十多岁，见证人类的登月之梦成为现实。

中国万户（14世纪）　俄国齐奥尔科夫斯基（1857—1935）　美国戈达德（1882—1945）　德国奥伯特（1894—1989）　德（美）布劳恩（1912-1977）

图 2
火箭先驱

　　为什么一定要用火箭呢？飞机不是也能上天吗？飞机逐渐加速可以达到宇宙速度吗？这就是"航天"和"航空"之区别的关键所在了！

　　飞机升天的原理依赖于大气层，火箭不需要空气，才有资格飞向太空！

　　火箭的原理说起来简单，不就是反作用力吗，就像人在射击的时候，子弹向前跑枪托却往后顶的道理一样。乌贼将水从头部吸入后再往后喷，借助水的反作用力前进。火箭的原理类似于乌贼。

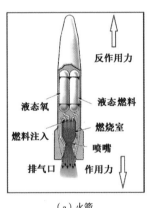

（a）火箭

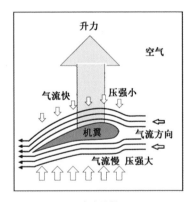

（b）飞机

图 3

火箭和飞机原理不同

知识链接：

　　高中物理中学过宇宙速度的概念，在此重温一下：达到第一宇宙速度的物体，可以绕地球转圈，V_1=7.9 千米／秒；第二宇宙速度，挣脱地球引力，V_2=11.2 千米／秒；第三宇宙速度使物体能够挣脱太阳引力，飞出太阳系，V_3=16.6 千米／秒。火箭让人类达到了第一、第二宇宙速度。

3.2.2　先驱戈达德

　　火箭之父的理论，需要先驱者的实践。美国物理学家罗伯特·戈达德（Robert Goddard，1882—1945）是第一位实践者。

　　早期火箭的关键，就是要提高速度。火箭前进的速度取决于燃料向后喷射的速度，最终取决于作为燃料的材料性质以及火箭的质量。最早的中国古代火箭，使用粉末状火药固体，是固体火箭的例子。但液体火箭具有运载能力大，方便用阀门控制燃烧量等优点。人们很早就有了"多级火箭"的想法，据说中国明朝（14世纪）

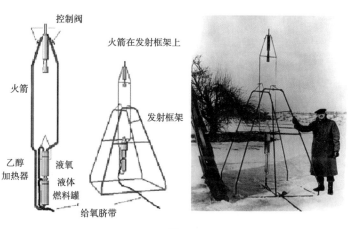

控制阀

火箭

乙醇
加热器

液氧
液体
燃料罐

给氧脐带

火箭在发射框架上

发射框架

图 4

戈达德的液体火箭

走近宇宙的现场
谈天说地

的"火龙出水",算是最早的二级火箭雏形。

1915年的一个傍晚,克拉克大学校园宁静的夜空突然出现一道明亮的闪光,接着是一阵爆炸声和嘈杂的人声,引起校园内警报声大作,惊慌的学生们后来方知这是戈达德教授进行的第一次火药火箭测试。

1926年戈达德发射了第一枚液体火箭:长3.4米,重4.6千克,2.5秒飞行了56米,上升高度12.5米。当然,这距离太空卡门线的100千米还差得很远很远。

3.2.3 战火中飞出V2

1944年9月8日,人类第一次体会到了火箭的威力。清晨6点,泰晤士河边一声巨响,1000多千克的炸药从天而降,惊醒了无数睡梦中的伦敦人!原来这重磅炸弹是来自300千米之外荷兰海牙的德军基地,炸弹的携带者是V2火箭,它不到6分钟就呼啸飞越了英伦海峡,神出鬼没地在伦敦爆炸。之后短短的6个月内,疯狂的纳粹德国接二连三地共发射了3745

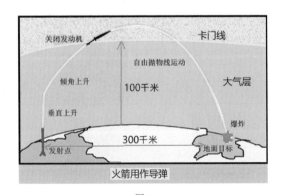

图5

V2导弹飞行路线示意图

枚 V2 导弹，造成死伤无数……

德国纳粹分子对人类犯下了不可饶恕的罪行，但当年的不少德国科学家却对科学技术作出了重要贡献。V2 火箭的设计者韦纳·冯·布劳恩（Wernher von Braun，1912—1977）也是这么一位科学家[3]。

V2 导弹发射时的质量大约 13 吨，可负载 1,000 千克的高能炸药弹头并射向 300 千米远的目标。导弹一开始垂直发射到一定的高度（24–29 千米），然后按一定的倾角弹道上升，当升至最高点 48 千米左右时，无线电指令控制系统指挥关闭发动机，火箭靠惯性继续升到 97 千米，然后，以 3,542 千米 / 小时的速度沿抛物线自由下落，最后击中预先计算好的地面攻击目标。

布劳恩在 20 岁时就被任命为德国火箭研发负责人。他少年时的梦想指向太空，但命运却让他击中了伦敦，杀害了无辜民众。他在听到伦敦被击中的消息后不无感叹地说："我的火箭工作正常，除了登陆在了错误的星球上。"

就技术而言，V2 是火箭史上的里程碑，它成功穿越了卡门线，成为第一个飞行至太空的人造物体。美苏两国太空大战最初开发的火箭技术都是基于 V2 的基础。

聪明过人的布劳恩不是一个死命效忠纳粹的傻瓜，当看到战争形势对德方不利时，他就开始考虑自己及几百名科学家的去向问题。他当然知道自己对美国（或苏联）的价值，但他不相信斯大林，被苏军抓住不会是好事。

在从佩纳明德撤退的时候，布劳恩私自做了一个大胆决定。他舍不得销毁自己多年的研究成果，他违背命令将14吨珍贵的火箭技术草图及数据藏在了一个废弃的矿井里，这些资料成为后来他派他的弟弟骑着自行车下山与美军交涉的筹码。

交涉成功，著名的火箭专家被俘。当年他才32岁，年轻帅气，英姿焕发。不久后，布劳恩和他的上百名同行一起被送到了美国。

3.2.4 奥伯特

从戈达德第一支液态火箭（1926年）上升了12.5米，到1944年，V2火箭飞越100千米到达太空，有许多其他先驱者的贡献。

布劳恩早年在德国的老师是奥伯特，他在航天理论和实践上都作了不少杰出贡献，被认为是继齐奥尔科夫斯基和戈达德后又一位宇航学和火箭学先驱，奥伯特活得长，直到1989年95岁高龄才去世，见证了美国的土星五号运载火箭发射，以及阿波罗登月的伟大进程。

图6
苏联　科罗廖夫（1907—1966）

奥伯特在14岁的时候，就设计了一个使用排出的废气推动自己的"反冲火箭"概念，但后来他关于火箭的博士论文却因为"天马行空，脱离现实"而被权威们驳回。奥伯特自信地认为没有博士学位也能成为一名优秀科学家，由此他也和齐奥

图 7

奥伯特（右 5）研制火箭，右 2 是布劳恩

尔科夫斯基一样，很多时候依靠当中学教师来维持生计。

之后有位电影导演因拍摄《月亮夫人》而聘请奥伯特作科学顾问，这给奥伯特带来了制造和发射一枚真正火箭的机会。电影首映式空前成功，但奥伯特设计的火箭没有发射成功。不过他关于宇航的书却获得成功，之后，不少业余航天爱好者组建了"德国星际航行协会"，奥伯特的火箭实验也于 1930 年取得了第一次成功，这次有了各方面人才的帮助，包括才 18 岁的布劳恩在内。布劳恩在设计 V2 的前身 A4 火箭时，火箭上画的就是《月亮夫人》的宣传画，布劳恩研制 A4 时，甚至还制定了（他热衷的）载人航天飞行计划！

火箭续集

3.2.5 牺牲者

火箭爆炸事故时有所闻，1986 年，美国挑战者号失败，7 名航天员丧生，起因是右侧固体运载火箭助推器的 O 型环密封圈失效。还有事故后的残骸掉下砸死人的事，苏联 N1 四次试验全失败，1969 年第 2 次发射爆炸，30 台发动机的 29 台停止工作，发射台被炸毁。

在火箭发动机的研究中，谁是第一个牺牲者呢？那是一个鲜为人知的名字：瓦利埃是奥地利的火箭先驱，是第一个牺牲者，时年才 35 岁。

奥地利，瓦利埃
(1895-1930)

图 8
瓦利埃和他的火箭汽车

瓦利埃实际上是奥地利的火箭先驱，也是一位科普作家，"德国星际航行协会"组建者之一。由于协会资金缺乏，太空之梦太遥远不现实，难以得到赞助。瓦利埃想方设法说服了一位富有的汽车制造商，鼓动他出资研究制造火箭动力汽车，后来也可以用在航天器上。瓦利埃首先研制出了一种固体火箭发动机，用于汽车，取得了一定成功。瓦利埃高兴地驾驶火箭汽车，速度最高达到了每小时112千米，这在当时是一个了不起的进步，瓦利埃和那位商人都为此风光一时。

瓦利埃计划将液体火箭发动机安装到汽车上进行表演。就在安装后表演之前的一次试车过程中，灾难发生了，发动机产生爆炸，一块碎钢片击中了正在驾驶汽车的瓦利埃的主动脉，救护人员赶到之前，瓦利埃便因失血过多而停止了呼吸，时年35岁。

瓦利埃驾驶的是汽车非航天器，但他是为了实现航天理想而牺牲的，人们将此算作是航天事业中的第一次死人事故。

第四章
物理基础

"所谓致知在格物者，言欲致吾之知，在即物而穷其理
也。"——南宋·朱熹

　　本章总结一下天文学及宇宙学中必要的物理学知识。根据
现代科学知识，宇宙万物间的基本相互作用可以归结为四种：
电磁力、引力、强相互作用和弱相互作用。宇宙中天体（加上
人工发射的航天器）之间，起主要作用的是引力，电磁作用有
时也有影响。而后面两种是作用于微观粒子间的近程力，只在
宇宙进化初期或恒星演化中特殊条件下才表现出来。因此，本
章的叙述围绕"引力"展开的同时，也简述一些必要的量子力
学概念。

4.1 ▪ 经典物理

　　爱因斯坦在他书房的墙壁上，挂着三幅科学家的肖像：牛顿、法拉第和麦克斯韦。这三位是经典物理的大师。

　　牛顿在伽利略、哥白尼等人学说的基础上，得到了牛顿三定律，以及万有引力定律。牛顿之前，伽利略、开普勒和哥白尼等人的学说还限于一些孤立的、局部适用的物理概念。而牛顿的运动定律将天体的运动与人们日常生活中常见物体的运动用统一的物理规律来描述，创立了逻辑上完整的、具有因果性的经典力学体系。[①]

　　利用牛顿的经典力学体系，不仅能解释已有的一些实验事实和天文观测现象，还能够预言未来将要发生的物理现象和物理事实。比如，天文学家根据万有引力定律，预言、发现并最后证实海王星和冥王星的存在，就是对牛顿力学的一个有力佐证。

　　爱因斯坦曾经将海王星发现的故事比喻为推理侦探小说破案抓罪犯的过程。的确是这样，这种方法后来成为物理和天文学界常用的办法。

---

① 牛顿三定律：

$$\sum F = 0 \Rightarrow \frac{dv}{dt} = 0 \quad （惯性定律）$$

$$F = ma \qquad （运动定律）$$

$$F_A = -F_B \qquad （作用和反作用律）$$

人类从古代就开始观测夜空中的星星。太阳系中的大多数行星，都是先通过肉眼或望远镜看到，然后根据观测数据，计算出它们的运动轨道而证实的。在 1781 年发现的天王星是当时太阳系的第 7 颗行星。但是，当天体学家计算天王星的轨道时，发现理论算出的轨道与观测资料相差很远，不相符合。是什么原因造成计算值和观测值的差异呢？牛顿引力定律不正确？观测的误差？排除了这些想法之后，大多数人认同有人提出的"未知行星"假说，认为存在一颗比天王星还更远的，太阳系的新行星，它的引力作用使天王星的轨道发生摄动。

后来，英国的亚当斯和法国的勒维耶，进行了大量的计算，分别独立地预测了新行星的轨道和质量。亚当斯向剑桥天文台和格林尼治天文台报告了他们的结果，预料在天空某处将有可能观测到一颗新的行星。后来果然在偏离预言位置不到 1 度的地方发现了这颗行星，被命名为海王星。1930 年，24 岁的美国天文爱好者汤博发现了后来被"开除"大行星行列的冥王星，此是后话。

继牛顿之后，以法拉第的实验和麦克斯韦的理论贡献为基础的经典电磁理论，是物理学发展史上能浓墨重彩记上一笔的重大事件。

"电磁学革命"中，还应该加上一个发现证实电磁波的赫兹。这三个电磁学的先驱者各有所长：法拉第玩的是五花八门形形色色的电磁实验，总结了三卷厚厚的实验经验和资料；麦克斯韦玩的是数学公式，推导简化成了 4 个方程式；赫兹的贡献则是将前两者的工作推向了应用的大门，第一次发出、接收和证实了如今飞遍世界的"电磁波"。

4.2 ▪ 万有引力

经典物理中与天体运动最为密切相关的，是万有引力定律。

引力是一种颇为神秘的作用力，它存在于任何具有质量的两个物体之间。人类应该很早就认识到地球对他们自身以及他们周围一切物体的吸引作用，但是，能够发现"任何"两个物体之间，都具有万有引力，就不是那么容易了。这是因为引力比较起其他我们常见的作用力来说，是非常的微弱。虽然我们早就意识到地球上的重力，那是因为地球是一个质量巨大的天体的缘故。如果谈到任何两个物体，包括两个人之间，都存在着的万有引力，就不是那么明显了。自然界中，我们常见的电荷之间的作用力，可以用简单的实验感知它的存在，比如我们司空见惯的摩擦生电现象：一个绝缘玻璃棒被稍微摩擦几下，就能够吸引一些轻小的物品；还有磁铁对铁质物质的吸引和排斥作用，都是很容易观察到的现象。而根据万有引力定律，任意两个物体之间存在的相互吸引力的大小与它们的质量乘积成正比，与它们距离的平方成反比，其间的比例系数被称为引力常数 G。这个常数是个很小的数值，大约为 6.67×10^{-11} 牛·米^2/千克^2。从这个数值可以估计出两个 50 千克成人之间距离 1 米时的万有引力大小只有十万分之一克！这就是为什么我们感觉不到人与人互相之间具有万有引力的原因。

不过，巨大质量的天体产生的引力会影响它们的运动状态，因而能够通过天文观测数据被测量和计算。

牛顿是在开普勒发现的行星三定律之基础上总结推广成万有引力定律的。开普勒是另一位天文学家第谷的助手，第谷去世后，把他一生的天文观测资料留给了开普勒。开普勒用 20 年时间仔细整理、研究这些资料，加上自己的理论计算，总结出了有关行星运动的三大定律：

1. 行星绕太阳作椭圆运动，太阳位于椭圆的焦点上；

2. 行星与太阳的连线在相等的时间内扫过相等的面积；

3. 所有行星轨道半长轴的三次方，与绕太阳转动周期的二次方的比值都一样。

开普勒去世后若干年，上帝派来了牛顿。

牛顿在 1726 年，去世的前一年，与他的朋友、考古学家威廉·斯蒂克利谈过有关苹果的故事。后来，斯蒂克利在皇家学会的手稿中写下了一段话：

"那天我们共进晚餐，天气和暖，我们俩来到花园，在一棵苹果树荫下喝茶。他告诉我，很早前，当万有引力的想法进入他脑海的时候，他就处于同样的情境中。为什么苹果总是垂直落到地上呢，他陷入了沉思。它为什么不落向其他方向呢，或是向上呢？而总是落向地心呢？"

可见"苹果下落"的简单事实，的确给了牛顿启发，激发他开始了对引力的思考。苹果往下掉，不是往上掉！这一定是因为地球在吸引它，地球不仅仅吸引苹果，也吸引地面上的其他物体往下掉。但是，地球也应该会吸引月亮，那么，月亮又为什么不往下掉呢？这些问题困扰着年轻的牛顿。引导他去研究琢磨开普勒的三定律。

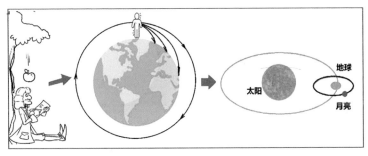

图 1

牛顿发现万有引力定律

万有引力定律是牛顿在 1687 年于《自然哲学的数学原理》上发表的。如果按照传闻所说的时间，牛顿在 23 岁时看到苹果下落就开始思考引力的话，其间也已经过了二十余年。这些年中，大师是如何追寻解决这"引力之谜"的呢？

确立引力与距离的平方反比定律，是探索万有引力的关键一步。

追溯万有引力的平方反比定律的发

现历史，便扯出了牛顿与胡克间的著名公案。胡克对万有引力的发现及物理学的其他方面都做出了不朽贡献，但现在的一般人除了有可能还记得中学物理中曾经学过一个"胡克定律"之外，恐怕就说不清楚这胡克是谁了。这都无可奈何，成者王败者寇，学术界也基本如此，免不了世俗间的纠纷。

英国物理学家罗伯特·胡克（Robert Hooke，1635—1703）比牛顿大 8 岁，可以算是牛顿的前辈了。两人的争论起源于光学，牛顿 1672 年用他的"微粒说"来解释光的色散现象，而胡克坚持波动说。

胡克对物理学有杰出的贡献，但在当时更有显赫地位的牛顿的打压下，一生都不怎么抬得起头，晚年更是愤世嫉俗，郁闷而死，死后墓地不详，连照片也没留下一张。

据说胡克和牛顿曾经以通信方式讨论过万有引力，胡克在信中提到他的许多想法，包括他从 1660 年就有的平方反比定律思想，但后来牛顿在其著作中删去了所有对胡克工作的引用。

现在看起来，这平方反比定律也可算是大自然造物的秘诀之一。大自然似乎总是以一种高明而又简略的方式来设置自然规律。符合平方反比定律的自然规律有不少：静电力和引力相仿，也遵循平方反比定律，还有其他一些现象，诸如光线、辐射、声音的传播等，也由平方反比规律决定。为什么会是这样？为什么刚好是平方反比而非其他呢？人们逐渐认识到，这个平方反比定律不是随便任意选定的，它和我们生活在其中的空间维数有关。

在各向同性的三维空间中的任何一种点信号源，其传播都将服从平方反比定律。这是由空间的几何性质决定的。设想在我们生活的三维欧几里得空间中，有某种球对称的（或者是点对称的）辐射源。如图 2 所示，其辐射可以用从点光源发出的射线表示。一个点源在一定的时间间隔内所发射出的能量是一定的。这份能量向各个方向传播，不同时间到达不同大小的球面。当距离呈线性增加时，球面面积 $4\pi r^2$ 却是以平方规律增长。因此，同样一份能量，所需要分配到的面积越来越大。比如说，假设距离为 1 时，场强为 1，当距离变成 2 的时候，同样的能量需要覆盖原来 4 倍的面积，因而使强度变成了 1/4，下降到原来的四分之一。这个结论也就是场强的平方反比定律。

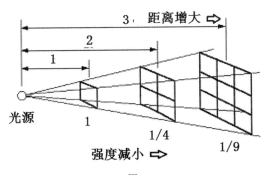

图 2
点信号源的传播服从平方反比律

从现代的矢量分析及场论的观点，在 n 维欧氏空间中，场强的变化应该与 $r^{(n-1)}$ 成反比，当 $n=3$，便化简成了平方反比定律。

两个物体之间的万有引力除了与距离平方成反比之外，还与哪些物理量有关呢？牛顿很容易地想到了应该与两个物体的质量成正比。这个想法，从地球上，质量越大的物体越重这一点便可以看出来，从天体运动的规律也可以验证。[①]

牛顿引力理论揭开了部分引力之谜，统治物理界两百多年，直到爱因斯坦的广义相对论问世。但即使是现在，天文学中一般的引力问题，也仍然不需要动用广义相对论，而只需要牛顿的万有引力定律就足够了。

4.3 ▪ 两个相对论

牛顿力学和麦克斯韦电磁理论的成果斐然，经典物理学的宏伟大厦巍然挺立，物理界看起来一片和谐，晴空万里。不过，科学无止境探索的结果既解决问题，又产生更多的问题。晴朗的经典物理学天空中慢慢地积累了两片乌云。那是有关黑体辐射的研究和迈克尔逊－莫雷实验。两种情况下都是理论与实验产生了矛盾，使物理学家们陷入困境。

爱因斯坦生得正"逢时"，抓住了这两片乌云。他稍稍拨弄了一下第一片乌云，一篇光电效应的文章，引出了量子的概

---

① 牛顿万有引力定律最后写成：

$F=(Gm_1m_2)/r^2$ 其中的比例系数 G 称为万有引力常数。G 是多大，当时的牛顿也回答不出来，直到 1798 年英国物理学家卡文迪许利用著名的卡文迪许扭秤（即卡文迪许实验），才较精确地测出了这个数值。

念。而第二片小乌云呢，则引发了爱因斯坦创建狭义相对论以及之后的广义相对论。

4.3.1 物理学的革命

量子和相对论，分别适合描述远离人们日常生活经验的微观世界和宏观世界。两个新理论的诞生需要人们在认识观念上的飞跃，因为这两个理论导致了许多与人们的生活经验不相符合的奇怪现象。

据说爱因斯坦在两个星期就建立了狭义相对论，这固然因为他是天才，但也不能不承认当时这个理论已经万事俱备只欠东风、水到渠成呼之欲出的事实。狭义相对论建立于"相对性原理"及光速不变的假设之上。

相对性原理涉及参考系的问题。对任何运动的描述，都是相对于某个参考系而言的。牛顿时代的科学家们认为，某些参考系优于另一些参考系。这是指哪些方面更优越呢？比如说，在某些参考系中，时间均匀流逝，空间各向同性，描述运动的方程有着最简单的形式，这样的参考系被称为惯性参考系。从这个视角来看，托勒密的地心说是以地球作为惯性系，而哥白尼的日心说则认为，太阳是一个比地球更好的惯性参考系。然而，两者都仍然承认存在一个绝对的、静止的惯性参照系。

相对性原理最早被伽利略在他《对话》一书中描述：

把你关在一条大船舱里，其中有几只苍蝇、蝴蝶、小飞虫、金鱼等，再挂上一个水瓶，让水一滴一滴地滴下来。船停着不动时，你留神观察它们的运动：小虫自由飞行，鱼儿摆尾游动，水滴直线降落……你还可以用双脚齐跳，无论你跳向哪个方向，跳过的距离都几乎相等。然后，你再使船以任何速度前进，只要运动是均匀速度的，没有摆动，你仍然躲在船舱里，如果你感觉不到船在行驶的话，你也将发现，所有上述现象都没有丝毫变化，小虫飞，鱼儿游，水滴直落，四方跳过的距离相等……你无法从任何一个现象来确定，船是在运动还是在停着不动。即使船运动得相当快，只要保持平稳和匀速的话，情况也是如此。

经典力学的规律满足伽利略的相对性原理，在伽利略变换下保持不变，但经典电磁理论的麦克斯韦方程在伽利略变换下却并不具有这种不变性。当年的电磁理论只有在被称为"以太"的特定参考系中才能成立。

爱因斯坦摒弃了以太的观念，将相对性原理从经典力学推广到经典电磁学，重新思考"空间""时间""同时性"这些基本概念的物理意义，最后，用全新的相对时空观念，导出了洛伦兹变换，建立了狭义相对论。

再后来，爱因斯坦又把相对性原理从惯性参考系推广到非惯性参考系，从而建立了广义相对论。

时间和空间的概念对天文学和宇宙学都很重要，举例看看爱因斯坦是如何思考"同时性"的。

同时，是我们在日常生活中常用的词汇。"他们两人同时到达山顶""电视新闻同时在全国各地播出"……好像每个人都非常理解这个词表达的意思，不就是说，两件事在同一时刻发生吗？

不过，什么叫"同一时刻"呢？这样说的意思首先是认为时间是一个绝对的概念，宇宙某处设立了一个大大的、精确无比的标准钟。然而，如果你深入考察下时间的概念，可能会使你越想越糊涂。时间是什么？正如公元 4 世纪哲学家圣·奥古斯丁对"时间"概念的名言：

"If no one asks me, I know what it is. If I wish to explain it to him who asks, I do not know."

我把它翻译成如下两句："无人问时我知晓，欲求答案却茫然。"

时间是绝对的，还是相对的？如果说它是绝对的，显然不符合相对性原理。绝对准确的钟该放在哪儿呢？地球上？太阳上？或是别的什么地方？这好像是又回到了地心说、日心说之争的年代。

狭义相对论中同时的相对性，是来自于相对论的两个基本假设：相对性原理和光速不变。

如果两个事件对某一个观察系来说是同时的，对另一个观察系来说就不一定是同时的。我们用图 3 中所示的例子来说明这个问题。如下的解释中，以承认相对性原理和光速不变为前提。

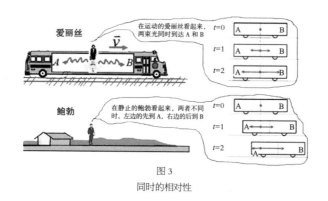

图 3
同时的相对性

　　一列火车以速度 V 运动，站在车厢正中间的爱丽丝，当经过地面上的鲍勃时点亮了车厢正中位置的一盏灯，向左和向右的两束灯光，将以真空中的光速 C 分别传播到车尾 A 和车头 B。在爱丽丝看起来，灯到 A 和 B 的距离是相等的，所以，两束光将同时到达 A 和 B。但是，站在地面上静止的鲍勃怎么看待这个问题呢？

　　对鲍勃来说，左右两束光的速度仍然都是 C，这是相对论的假设，无论光源是在运动与否都没有关系。但是，火车却是运动的。因而，A 点是对着光线迎过去，B 点则是背着光线逃走。所以，光线到达 A 的事件应该先发生，到达 B 的事件应该后发生。也就是说，爱丽丝认为是同时发生的两个事件，鲍勃却认为不同时。

　　刚才所述的相对论中对同时性的检验，是用光信号的传递来进行的。因此光在狭义相对论中具有独特的地位。根据狭义相对论的假设，真空中的光速对任何参考系，在任何方向测量都是一样的数值。在由此而建立的狭义相对论中，任何物体的速度都不可能超过光速，光是能够完整传递信息和能量的最大速度。换言之，如果火车上的爱丽丝不是点亮了一盏灯，而是向左右射出子弹的话，两颗子弹相对于鲍勃的速度便不是一样的。事实上，光可以说是一种很神秘的物质形态，它不仅在狭义相对论中具有特殊地位，在整个物理学及其他学科中的地位也是独一无二的。至今为止没有发现任何超光速的、能够携带能量或信息的现象。也就是说，尚未有与相对论这条假设相违背的情形。如果将来的实验证实这条假设不对的话，爱因斯坦的理论就需要加以修改了。

4.3.2 广义相对论

爱因斯坦研究等效原理，认为引力与其他力在本质上不同。当他接受了黎曼几何概念之后，便将引力与时空的几何性质联系起来。也就是说，物质的存在使得时空发生弯曲，而弯曲的时空又影响和控制了其中物质的运动，这是广义相对论的基本思想[4]。

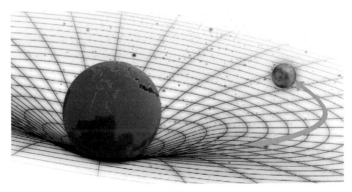

图 4
物质导致时空如何弯曲，时空导致物质如何运动

如果用数学语言来表述广义相对论，就得到一个复杂的引力场方程。①

不过，我们不用被引力场方程复杂的表达式吓到，如果忽略张量的指标，它可以被表示成一个更为简单并方便理解的形式：

$$R=8\pi T$$

公式中的 R 代表时空弯曲（曲率），T 代表物质（包括能量）。所以，引力场方程所表示的是一句话:物质产生时空弯曲。

弯曲时空用数学量"曲率"来表征。这儿的曲率指的是内在的曲率：内蕴曲率。我们可以举几个二维曲面的例子来简单解释内在曲率和外在曲率的区别。比如，考虑图 5 中的锥面、柱面和球面、双曲面，它们在三维空间中看起来都是弯曲的，但柱面（或锥面）的弯曲只是一种外在表现，我们可以将柱面

①

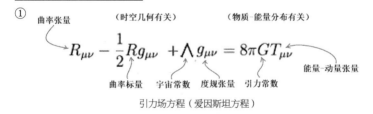

引力场方程（爱因斯坦方程）

引力场方程是个张量函数的微分方程。张量是矢量概念的推广。一个标量（比如温度 T）只用一个数值来描述，三维空间的矢量（比如速度 v_i）需要用 3 个数（v_1，v_2，v_3）来表示，因此速度矢量需要用带一个下标 i 的 v_i 表示。那么，如何表示一个张量呢？由公式可见，引力场方程中的张量 $R_{\mu\nu}$、$g_{\mu\nu}$、$T_{\mu\nu}$ 等，都有两个指标，表明它们需要用更多的"分量"来描述，被称为二阶张量。并且，这些张量是四维时空的张量，指标 $\mu\nu$ 等于（0，1，2，3）。指标 0 代表时间，空间维则仍然用（1，2，3）表示。

剪开后平坦地铺开成为一个平面，完全没有皱褶，也不用拉伸。所以，柱面的弯曲性不是本质的，而是外在的。柱面在本质上和平面一样，它的内蕴曲率等于 0。而球面不一样，你无法将一个半球形的帽子剪开平铺在桌子上，球面在其内在本质上是一个弯曲的二维空间，内蕴曲率大于 0。最右边显示的双曲面也不可能被展开成平面，本质上也是弯曲的，不过，它的内蕴曲率为负数。

再看看锥面。将一张圆形的纸片沿两条半径剪去一个角，再将剪开的地方粘合在一起，便形成了一个锥面。从锥面形成的过程可知，除了顶点之外，它的内蕴几何性质是和平面相同的。也就是说，锥面的内蕴曲率处处为 0，顶点例外。顶点的曲率为无穷大。

通俗地就"嵌入"三维空间的曲面而言，可以展开为平面的是外在弯曲，如图 4 左侧的两种。

外在弯曲　　　　　　　　内在曲率

图 5
外在曲率和内蕴曲率

再举一维空间（线）的例子来加深你对"内蕴"性质的理解。一维空间本质上只有一种几何，即平直的欧氏几何，也就是说，在三维空间中的一条线，无论怎样弯来拐去，本质上都

走近宇宙的现场
谈天说地

与直线没有区别。曲线总是可以展开成直线，弯来拐去只是嵌入二维或三维空间的表观现象，一维曲线的弯曲是外在的。在线上爬来爬去的一维"蚂蚁"感觉不出它的世界与直线有任何区别。

广义相对论别开生面，将引力与时间空间的弯曲性质联系起来。因此，它是与牛顿万有引力定律不同的、更为精确的引力理论。严格地讲，广义相对论是牛顿引力在强引力场下的修正，牛顿引力可以看作是广义相对论在弱场低速下的近似。牛顿万有引力适用于天体质量不是很大，速度较小的情况。具体而言，在太阳系内，应用牛顿引力问题不大，因为太阳系尺度不算大，其中也没有引力超强的中子星、黑洞等致密天体。研究黑洞附近或黑洞碰撞等相关行为时，或是在极大尺度下研究整个宇宙时，就必须要用到广义相对论了。

但事情总不是绝对的，即使太阳系中的计算，广义相对论能比牛顿理论给出更精确的结果。例如广义相对论的三大经典实验验证：水星轨道近日点的进动；光波在太阳附近的偏折；光波的引力红移。它们分别如图 6（a）、（b）、（c）所示。这三个现象中，牛顿力学计算的结果与实际观测结果有一定偏差，广义相对论的计算结果则与实验精确符合。这也证实了，牛顿引力定律可以当作是广义相对论在引力场较弱，应用范围不大时候的近似。

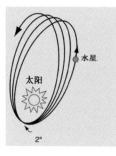

（a）水星近日点进动　　　（b）光线偏转　　　（c）引力红移

图 6
广义相对论的三大经典实验验证

此外，两个相对论在与我们当今的日常生活紧密相关的北斗卫星导航系统（简称：BDS）和全球定位系统（简称：GPS）技术中也有所应用。

BDS 是中国自行研制的全球卫星导航系统。BDS 由空间段，地面段和用户段三部分组成，可在全球范围内全天候，全天时为用户提供高精度、高可靠定位、导航、授时服务。2023年 5 月 17 日，中国在西昌卫星发射中心用长征三号乙运载火箭成功发射第五十六颗北斗导航卫星。

GPS 是靠 24 颗卫星来定位的，任何时候在地球上的任何地点至少能见到其中的 4 颗，地面站根据这 4 颗卫星发来信号的时间差异，便能准确地确定目标所在的位置。从 GPS 的工作原理可知，"钟"的准确度及互相同步是关键。因此，GPS 的卫星和地面站都使用极为准确（误差小于十万亿分之一）的原子钟，见图 7。

但是，GPS 卫星上的原子钟和地球上的原子钟必须同步，

走近宇宙的现场
谈天说地

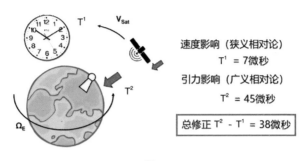

速度影响（狭义相对论）

T^1 = 7微秒

引力影响（广义相对论）

T^2 = 45微秒

总修正 $T^2 - T^1$ = 38微秒

图 7
GPS 的相对论修正

否则便会影响定位的精度。相对论是有关时间、空间的理论，预言了一定情况下时间的变化。根据狭义相对论，快速运动系统上的钟要走得更慢一些（双生子佯谬），卫星绕着地球旋转，它的线速度大概为每小时 1.4 万千米。根据狭义相对论公式进行计算，速度影响使得卫星上的钟比地球上的钟每天慢 7 微秒。广义相对论的效应则是因为卫星的高度而产生的。越靠近地面，时空的弯曲程度就越大。所以，卫星上时空的变形要比地面上小，这种效应与狭义相对论的影响相反，卫星位于 2 万千米的太空中，引力之差别将使得卫星上的钟比地球上的钟每天快 45 微秒。两个相对论的作用加起来，便使得卫星上的钟比地球上的钟每天快 38 微秒。

38 微秒好像很小，但是比较起原子钟的精度来说，则是相当地大。原子钟每天的误差不超过 10 纳秒，而 38 微秒等于 38000 纳秒，是原子钟误差的 3800 倍。

关键问题是，38 微秒的差别将引起导航定位系统的定位误差。这些误差会积累起来，那样的话，我们就会抱怨 GPS 不准确了，经常把我们带到错误的目的地。所以，GPS 系统必须考虑相对论的影响，进行相应的修正。事实上，每一个卫星在入轨运行前都把原子钟每天调慢 38.6 微秒。这样不但改善了 GPS 的定位精度，校正后的卫星时钟系统还可以向全球提供精确的国际标准时间。

4.4 ▪ 量子知识

经典物理学天空中的一片小乌云——黑体辐射问题，导致了量子革命。

德国物理学家普朗克（Max Planck，1858—1947）在 1900 年发表一篇划时代的论文，使用了一个巧妙而新颖的思想方法来解决黑体辐射问题，即假设黑体辐射时，能量不是连续电磁波，而是一份一份地发射出来的。现今通常将普朗克的这篇文章的发表时间作为量子理论的诞生日[5]。

保守的普朗克在无意中当了一回勉为其难的革命者，潘多拉的盒子一旦打开便难以将妖怪再关起来。"一份一份"量子化的做法能解决实际问题，年轻物理学家们一拥而上，发展出我们称为"量子力学"的东西。

量子理论在微观世界中早已大展宏图，已经被成功地应用于科学技术领域的许多方面。尽管它在基础物理学的层面，仍然面对着种种困难。

物理学研究中有两个极端：极小微观的粒子物理和极大

宏观的宇宙学。大爆炸理论使得这两个尺度具天壤之别的研究领域相互"联姻"。事实上，宇宙早期模型就是一个超高能物理世界，没有量子力学和粒子物理，不可能彻底破解宇宙奥秘。

4.4.1　普朗克尺度

当宇宙小到一定的尺度广义相对论就不适用了，小到什么尺度呢？那叫作普朗克尺度。量子力学背后的基本思想是微观粒子的波粒二象性。比如说，频率为 v 的光波可以看成是由一个一个的量子组成，每个量子的能量是 hv，这儿的 h 便是普朗克常数。普朗克常数是一个很小的数，大约等于 6.626×10^{-34} 焦耳秒，它的出现标志着需要使用量子物理规律。

普朗克尺度也是以普朗克的名字命名，它指的是必须考虑引力的量子效应的尺度。在这样的尺度，引力的量子效应变得很重要，需要有量子引力的理论。在这儿，尺度的意思可以理解为多种物理量：长度、时间、能量、质量。所以，普朗克尺度便可以用普朗克质量、普朗克能量、普朗克长度、普朗克时间中的任何一个来代表。

有一个问题：为什么可以用"长度、时间、能量、质量"来表示同一个东西呢？这是因为理论物理学家们经常使用一种特别的单位制，称为自然单位制。

在自然单位制中，将一些常用的普适常数定义为整数 1，这样可以使表达式看起来大大地简化。比如说，如果将光速的单位定为 1，爱因斯坦的质量能量关系式 $E=mc^2$ 便简化成了

$E=m$，意味着在这个单位制中，能量和质量的数值相等了！除了光速 $c=1$ 之外，普朗克自然单位制中，将引力常数和约化普朗克常数（等于普朗克常数除 2π）也定义为 1。

所以，如果我们首先规定了普朗克质量的数值，那么通过自然单位制的连接便可以转换而得到其他三个值。在国际标准 SI 单位制中，它们的数值分别是：普朗克质量（2.17645×10^{-8} 千克）、普朗克能量（$1.22\times10^{19}\text{GeV}$[①]）、普朗克长度（$1.616252\times10^{-35}$ 米）、普朗克时间（5.39121×10^{-44} 秒）。

从以上数值可以看出：普朗克长度和普朗克时间都是非常小的数值，因为原子核的尺寸也有 10^{-15} 米左右，比普朗克长度还要大 20 个数量级。探测越短的长度，需要越高的能量，因此，普朗克能量是一个非常大的数值，大大超过现代加速器能够达到的能量（10^4GeV）。

换言之，普朗克尺度是现有的物理理论应用的极限。宇宙模型只能建立在这个尺度以内，宇宙的年龄 t 不能倒推到 0，顶多只能推到 $t>$ 普朗克时间。

4.4.2 不确定性原理

不确定性原理有时也被称为"测不准关系"，因为根据不确定原理，对于一个微观粒子，不可能同时精确地测量出其位置和动量。将一个值测量越精确，另一个的测量就会越粗略。比如，如果位置被测量的精确度是 Δx，动量被测量的精确度是

---

① GeV：十亿电子伏特。

Δp 的话，两个精确度之乘积将不会小于 $\hbar/2$，即：$\Delta p \Delta x \geqslant \hbar/2$，这儿的 $\hbar$ 是约化普朗克常数。精确度是什么意思？精确度越小，表明测量越精确。如果位置测量的精确度 Δx 等于 0，说明位置测量是百分之百的准确。但是因为位置和动量需要满足不确定性原理，当 Δx 等于 0，Δp 就会变成无穷大，也就是说，测定的动量将在无穷大范围内变化，亦即完全不能被确定。

虽然不确定性原理限制了测量的精确度，但它实际上是类波系统的内禀性质，是由其波粒二象性决定了两者不可能同时被精确测量，并非测量本身的问题。因此，称之为不确定性原理比较确切。

从现代数学的观念，位置与动量之间存在不确定原理，是因为它们是一对共轭对偶变量，在位置空间和动量空间，动量与位置分别是彼此的傅立叶变换。因此，除了位置和动量之外，不确定关系也存在于其他成对的共轭对偶变量之间。比如说，能量和时间、角动量和角度之间，都存在类似的关系。

4.4.3 玻色子和费米子

因为电子等微观粒子的波动性，使得它不可能像经典粒子一样被准确"跟踪"，因而便不可能因不同的"轨道"而被互相区分。所以，量子力学认为同一种类的微观粒子是"全同"的、不可区分的，称它们为"全同粒子"。例如，电子和电子无法区别，质子和质子无法区别，光子和光子无法区别……当然，各类粒子之间，还是可以区别的，如电子和质子有所区别，起码质量就大不相同。

全同粒子没有任何个体特征，就像一大堆完全一样的围棋子聚集在一块儿，粒子多了就应该遵从某种统计规律。量子力学中的统计规律也与经典的不一样。最典型的经典统计规律是麦克斯韦统计（分布）规律。说的是在理想气体中大量分子聚集在一起时，它们的速率分布规律，即如图8（a）所示的分布曲线。分布曲线所表示的是具有各种速率的粒子数，从麦克斯韦分布可看出，速率为0和速率最大的粒子数都不多，中间值速率的粒子数最多。

量子力学中的统计规律有两种，由此而将全同粒子分类为玻色子和费米子。它们遵循不同的量子统计规律：玻色－爱因斯坦统计和费米－狄拉克统计。组成物质结构的质子、中子、电子等，均为费米子，光子是玻色子。

微观粒子的不同统计性质与它们不同的自旋量子数有关。玻色子是自旋为整数的粒子，比如光子的自旋为1。费米子的自旋为半整数。例如，电子的自旋是二分之一。

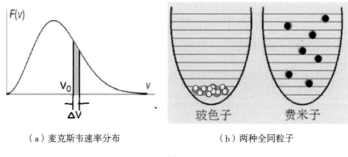

（a）麦克斯韦速率分布　　　　　（b）两种全同粒子

图8

经典统计和量子统计

多个玻色子可以同时占有同样的量子态，两个费米子不能同时占有同样的量子态，这是两者很重要的区别。或者说，玻色子是一群友好的朋友；费米子是互相排斥的独立大侠。如果有一伙玻色子去住汽车旅馆，它们愿意大家共处一室，住一间大房间就够了；而如果一伙费米子去住汽车旅馆，便需要供给它们每人一间独立的小房间。

所有费米子都遵循"泡利不相容原理"，电子遵循这一原理，在原子中分层排列，由此而解释了元素周期律，这个规律描述了物质化学性质与其原子结构的关系。

因为玻色子喜欢大家同居一室，大家都拼命挤到能量最低的状态。比如，光子就是一种玻色子，因此，许多光子可以处于相同的能级，所以，我们才能得到像激光这种"所有的光子都有相同频率、相位、前进方向"这种超强度的光束。

如上所述的玻色子和费米子的不同行为，也是量子力学中最神秘的侧面之一！

4.4.4 统一理论和标准模型

根据后面第四篇中将介绍的大爆炸学说，在宇宙演化的早期，所有物质处于高温、高压、高密度、高能量的状态。那种状态正是人类花费大量经费制造高能粒子加速器所企图达到的目标。因此，理论物理学家们将近年来粒子物理中的统一理论用于宇宙早期演化过程的研究。

在这条漫长的统一道路上，人类现在走到了哪里呢？

在图9的示意图中，中间的"能级阶梯"被画得像一条通向远处的高速公路。实际上它也的确象征了粒子物理学家们所期望的加速器能量不断增大的漫长征途。在"能级阶梯"的左侧，向上的箭头以及标示出的各级 GeV 数值，表示不断增加的加速器能量，以便能探索到越来越小的物质结构。右侧显示的长度数值，便是相应的能量级别能够达到的微观尺度。比如说，当能量达到 10^6GeV 附近时，相对应的长度数值是 10^{-21} 米左右（原子核的大小被认为大约是 10^{-15} 米）。目前，欧洲大型强子对撞机（LHC）的最高能量据说可达 13 TeV[①] 左右，在图中的位置，比标示着"现在"的那条水平红线稍微高一点点，代表了目前加速器能达到的最高水平。

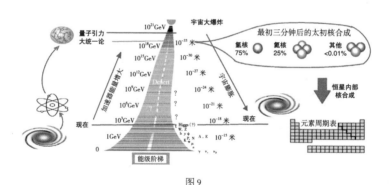

图 9
大爆炸模型将粒子物理和宇宙学交汇在一起

我们常见的物质都是由化学元素表上的各种原子构成的，原子又由质子中子和电子组成。那么，质子、中子和电子，再加上光子，是否就是组成整个世界的基本粒子呢？也许在 20 世

---

① TeV：万亿电子伏特。

纪40年代之前，人们是这样认为的。但后来，科学家们从宇宙射线和粒子加速器中发现了越来越多的"新粒子"，数目不断增加，到了20世纪60年代，观察到的不同粒子高达200多种，被科学家们笑称为"粒子家族大爆炸"。大量的"粒子"数据，促进了粒子物理和统一理论的研究和发展。

根据粒子物理现有的理论，世间万物由12类基本粒子及其反粒子组成。其中包括六种夸克和六种轻子。除了构成物质实体的粒子（夸克、轻子等费米子）之外，粒子之间存在的4种基本相互作用：引力作用、电磁作用、强相互作用、弱相互作用，由相应的规范场及其传播子来描述，如图10右表所示。图中还画出了被标准模型所预言最后发现的"希格斯玻色子"，以及不知是否存在的"引力传播子"。

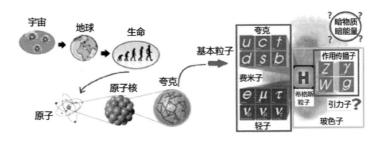

图 10
组成宇宙万物的基本粒子（不包括暗物质和暗能量）

目前的粒子物理标准模型，基本上被主流物理学界所承认，但尚未包括引力、暗物质、暗能量等。2012年CERN（欧洲核子研究中心）的物理学家们确认发现了希格斯粒子之后，标准模型告一段落。

对于 4 种基本相互作用，粒子物理学家们有一个共识：当能量级别增高，基本粒子之间的距离减小时，四种力将会走向统一。比如说，当能量增加到 10^{12}GeV 之后，即粒子之间的距离小于 10^{-17} 米时，电磁作用和弱相互作用表现为同一种力（标准模型）。如果能量再增高到 10^{18}GeV 时，强相互作用也和弱电一致了，三种力实现大统一（大统一论）。如果距离再继续减小，能量继续增加到 10^{21}GeV 之后，到达量子引力阶段，引力也只好屈服了，四种相互作用统一成一种（万有理论）。

从图 9 的能级阶梯也可以看出，我们现代的加速器技术，所具有的能量级别还很低，距离大统一理论及标志量子引力时代的普朗克能量 10^{19}Gev，还差好些个数量级！

4.5 ■ 航天中几个物理问题

天体运动及航天中有许多形形色色的物理问题，它们也一直分散贯穿于本书中。这是挑出来的几个典型例子：引力助推是对航天十分有用的常见技术；引力塌缩与天体（恒星）的演化过程、黑洞形成机制有关；三体问题有关混沌理论，涉及恒星系、星系结构等的稳定性问题。

4.5.1 引力助推

如果有人问你，人类飞向太空的第一阻力是什么？大多数人会不约而同地回答：是引力。的确如此，人类实现飞天梦的最艰难历程就是克服地球的引力。

我们从中学物理中就学到了如何计算几个宇宙速度，那是人类摆脱地球或太阳引力的束缚冲向太空的几道门槛。跨越这几个门槛不容易，人类努力了几十年，基本上可以达到第三宇宙速度了。

然而，十分有趣、又令我们惊喜的是，即使没达到第三宇宙速度，飞船照样飞出太阳系！比如，NASA（美国国家航空航天局）于46年前发射的两个旅行者号探测器（旅行者1和2），这对姐妹花发射时速度稍小于第三宇宙速度，却已经双双离开太阳系，进入了星际空间。

当旅行者1号在距地64亿千米，即飞掠海王星轨道时，将它的相机转向地球，"最后再看一眼熟悉的家园"。此后便飞向茫茫银河深处，不再回头。回眸遥望母星，拍下了这张令我们感慨万分的照片。不知你是否看过这个暗淡蓝点，那就是地球。回眸母星何处觅？缥缈寰宇一尘埃！

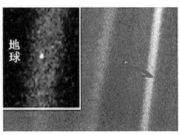

图11
旅行者1号

其中有何奥秘呢？人造飞行器额外的动能从何而来？原来航天理论中还有一个秘密的法宝：引力助推，或称"引力弹弓"。图 12 中旅行者 1 号的速度图很能说明问题。在地球附近（发射）时，红线（1 号的速度）低于蓝线（逃逸速度）。但是，当它经过木星和土

引力弹弓

星时，红线突现两个尖峰，之后的红线一直比蓝线高很多，说明它的速度大大地大于了逃逸速度。所以木星和土星能使航天器增加速度，这就叫引力助推，也称引力弹弓。

这个想法现在看起来理所当然，想到未必容易。最早是由苏联航天先驱尤里·康德拉图克（Yurly VasilievichKon，1897—1942）在 1919 年提出的。他曾被苏联政府流放和监禁，二战中自愿加入苏联红军，在战争中阵亡。

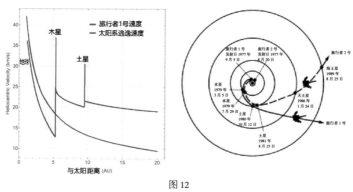

图 12
旅行者 1 号速度图

真正认识并深入研究这项技术的人是美国数学家迈克尔·米诺维奇（Michael Minovitch，1936— ）。迈克尔 60 年代初是加州大学洛杉矶分校的一名研究生，他在模拟"三体问题"过程中发现，一艘飞船飞经绕日的行星，可以在不使用任何火箭燃料的情况下窃取行星的一点轨道速度加速离开太阳，迈克尔

由此而认识到引力弹弓对加速航天器的巨大潜力，并说服美国宇航局将此思想运用于实践。

引力助推过程可以简单地用动量守恒定律直观解释。与弹性碰撞颇为类似。它利用引力，使行星与飞船交换轨道能量，像弹弓一样把飞船抛出去。如图 13 右图所示，想象将一个篮球投向一列对面疾驶而来的火车。篮球速度 $V_1=5$ 米／秒，火车速度 $U=10$ 米／秒，方向相反。最后结果如何？火车质量比篮球大很多，篮球质量可以忽略不计的简单情况下，得到的结论是：在碰撞之后，篮球从火车那儿"捞了一把"，将以 $V_2=V_1+2U=25$ 米／秒的速度向后方（火车的前方）飞去。火车速度 U 几乎不变。飞船与土星等相遇时的情形十分类似，只是飞船与土星并未接触，而是因引力而绕行过去。两者物理原理不同，但最后效果却类似：飞船得到了两倍土星速度的增值。也许有人会觉得以上的说法有违能量守恒。结论当然不是如此，实际上在两种情形下严格的计算都需要用到能量守恒。篮球的速度增加了，虽然看起来对火车似乎没有影响，但应该有那么一点极其微小的扰动，篮球增加的动能最终是来自火车的动力系统。在

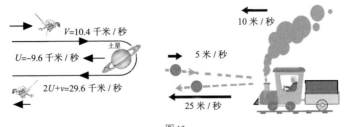

图 13
引力助推原理

飞船的情况中，能量则来自行星或太阳系。

航天器被运载火箭推向太空后，就变成了一颗"星星"。仅从引力角度看，它们可以和其他宇宙中的自然天体一样，遵循引力定律而在一定的轨道上运动。不同的是，只要它们还能与地球通信，引擎还能启动，燃料足够，人类就可能控制它们的运动！所以，太空中的航天器有两种运动方式：自由飞行和机动飞行。前者是自由按引力运动，不需引擎。后者指航天器发动机点火阶段。什么时候需要点火呢？那是需要将航天器从一个轨道改变，或是"跳"到另一个轨道的时候。比如，要从绕地轨道"跳"到绕月轨道。这种人为点火而改变运行轨道的技术，称作"轨道机动"。包括了轨道转移、交会、保持和修正等等。例如卫星绕地球转不需要引擎，但时间长了后，因为摄动力的原因，轨道可能偏离，这时候就需要人为修正。航天器就更不用说了，漫长征途需要多次"变轨"。

航天器能够携带的燃料有限，因此，航天器的轨道设计很有讲究，便希望能更多地利用"自然飞行"和"引力助推"，尽量少作机动而达到同样的目的。阿波罗 13 号爆炸后返回时采用的"自由返回轨道"，也是"借月球一臂之力"。

利用大自然中天体间本来就存在的引力来助推，尽量节约航天器的燃料，这个想法太精彩了！

对人类发射的航天飞行器而言，引力有时是阻力，有时又可能成为"推力"，我们可以利用太阳系中各大行星与飞行器间的引力作用，来加速飞行器。换个通俗的说法，让飞行器从高速运动的行星旁边掠过，顺便让自己得到加速度，从行星身上"揩点油"！

不过，引力助推的方法最好是再碰上一定的时机，就更好了。机会可遇不可求。在 1964 年夏天，美国宇航局一位研究员弗兰德罗，负责研究探索太阳系外行星的任务。弗兰德罗经过计算研究木星、土星、天王星和海王星的运动规律，发现一个 176 年才有一次的最好时机，那段时间（大约 12 年）以内，木星、土星、天王星和海王星都将位于太阳的同一侧，运行至实现"引力助推"的理想地点，形成一个特别的行星几何排阵。基于这点，美国宇航局启动了"旅行者号探测器"计划。

1977 年 8 月 20 日和 9 月 5 日，旅行者 1 号和旅行者 2 号从佛罗里达州的航天中心发射，它们是两个几乎一模一样的"双胞胎姐妹"，携带着镌刻了地球人类的消息和录音的金唱片，计算机内存有 64 千字节（40 年前的老古董电子设备，诸位可想而知是什么模样）。旅行者 2 号，比它"姐姐"的速度稍慢一点，但它收获颇多，成果不菲，顺利完成了造访 4 个外行星的任务。旅行者 2 号途中的四次"引力助推"，将原来需要 40 年完成的"4 行星探索"任务，在 10 年左右的时间内提前完成！旅行者 1 号在很快地访

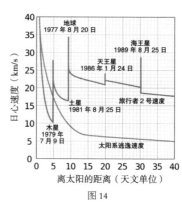

图 14
旅行者 2 号的速度图

问了木星和土星之后，继续它的高速飞行，成为飞出太阳系的第一个人类使者。两位"旅行者"早已完成为它们预订的任务，却并未"退休"，至今仍然通过遥遥星空，向人类发来有用的资料，因为它们离地球距离遥远，这些信息延迟 20 小时左右才能抵达地球。

图 14 中的红色曲线所示，便是旅行者 2 号的速度在飞行过程中的变化情形。红色曲线上的 4 个尖峰分别代表该飞行器在经过土星、木星、天王星、海王星时因为"引力助推"而产生的速度变化。

4.5.2　引力塌缩

在恒星、行星、星系等天体的形成和演化过程中，"引力"起着重要的作用。引力不同于电磁力的特点是：总是表现为吸引力，没有排斥力。

在任何一个系统中，如果没有别的足够大的斥力来平衡引力这种吸引力的话，所有的物质便会因为吸引而越来越靠近，靠得越近吸引力又越大，促使它们更靠近，并且，这种过程进行得快速而猛烈，被称为"引力塌缩"。我们通常所见的物体并不发生引力塌缩，具有稳定的物质结构，那是因为原子中的电磁力在起着平衡的作用。

· 恒星的生命周期

星星也有"生老病死"，天体物理学家们最感兴趣的是恒星的演化。从天文观测的角度看，恒星主动发光，行星只是被动地反射或折射。恒星的质量较大，强大的万有引力使它们

"心中燃着一把火"，也使得它们的生命过程轰轰烈烈、多姿多彩，急遽变化。根据恒星质量、大小的不同，它们的演化周期（寿命）也大不相同。

一般而言，恒星的生命周期和演化过程取决于它的质量。大多数恒星的寿命在 10 亿岁到 100 亿岁之间。质量越大寿命反而越短，质量小的（矮子）寿命反而更长。比如说，一个质量等于太阳 60 倍的恒星，寿命只有 300 万年，而质量是太阳一半的恒星，预期的寿命可达几百亿年，比现在宇宙的寿命还长。

恒星的形成过程也与引力作用密切相关。在一定的条件下，宇宙中由气体尘埃构成的分子星云会产生引力塌缩，物质越来越紧密地聚集在一起，随之凝聚成一团被称为"原恒星"的高热旋转气体。这一过程也经常被称作引力凝聚，星云凝聚成了原恒星之后，开始了诞生演化的发展过程。过程的进展情况和结果如何？是否能形成恒星？则取决于这个原恒星的初始质量。

因为太阳是我们最熟悉的恒星，所以在讨论天体质量时，一般习惯将太阳的质量看成是 1，也就是说，用太阳的质量（1.989×10^{30} 千克）作为质量单位，来量度天体的质量。

如果原恒星的质量太小，即小于 0.08 倍太阳质量时，核心温度达不到足够高，启动不了氢核聚变，就最终成不了恒星。如果它们的核心处还能进行氘核聚变的话，便可能形成棕矮星（或称褐矮星，看起来的颜色在红棕之间）。如果连棕矮星的资格也够不上，便只有被淘汰的命运，无法自立门户，最终只能绕着别的恒星转，变成一颗行星。

如果原恒星的质量大于十分之一，天体自身引力引起的塌缩将使得核心的温度最终超过 1000 万度，由此而能够启动质子链的聚变反应：氢融合成氘，然后再合成氦。这个过程中，大量能量被产生出来，从核心向外辐射。辐射压力是一种向外的排斥力，逐渐增大并能与天体中物质间的引力达成平衡，使得恒星不再继续塌缩，进入稳定的"主序星"状态，我们的太阳现在便是处于这个阶段。

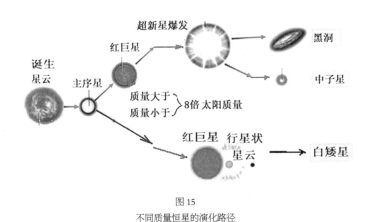

图 15
不同质量恒星的演化路径

原恒星即使"修成正果"，变成主序星阶段的恒星，也会因其不同的质量而经历不同的演化路径，如图 15 所示。印度物理学家钱德拉塞卡研究引力塌缩后得到预言：当热核物质烧完后，引力塌缩可能形成三种天体：白矮星、中子星、黑洞。到底最后结局如何，取决于天体的质量。如果质量小于 8 倍太阳质量，如同太阳，最后结局是白矮星。如果大于 8 倍太阳质量的恒星，结局是中子星或黑洞。

这里所说"8倍太阳质量"，与"钱德拉塞卡极限"有关。为了解释钱德拉塞卡极限，请重温"4.4量子知识"。

一个天体能够在一段时期内稳定地存在，不发生"引力塌缩"，一定是有某种"力"来抗衡引力。像太阳这种发光阶段的恒星，是因为核聚变反应产生的向外的辐射压强抗衡了引力。但到了白矮星阶段，核聚变反应停止了，辐射大大减弱，那又是什么力量来平衡引力呢？

量子力学对此给出了一个合理的解释。根据量子力学，电子是遵循泡利不相容原理的费米子。不可能有两个费米子处于完全相同的微观量子态〔图8（b）〕。当大量电子在一起的时候，这种独居个性类似于它们在统计意义上互相排斥，因而，便产生一种能抗衡引力的"费米子简并压"，见图16。

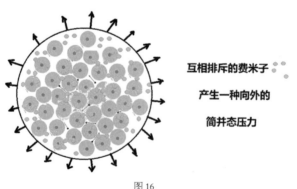

图 16
白矮星中的电子简并压来源

可用一个通俗的比喻来简单说明"电子简并压"的来源：一群要求独居的人入住到一家不太大的旅店中，每个人都需要一个单独的房间，如果旅馆的房间数少于入住的人数，一定会给旅店管理人造成巨大的"压力"吧。

氢合成反应形成的白矮星，其主要成分是碳。白矮星的中心温度高达 10^7 开尔文，如此高温下，原子只能以电离形态存在。也就是说，白矮星可以看成是紧紧聚集在一起的离子以及游离在外的电子构成，就像是一堆密集的原子核，浸泡在电子"气"中。原子核提供了白矮星的大质量和高密度，游离电子气则因为遵循泡利不相容原理而产生了抗衡引力塌缩的"费米子简并压"，如图 16 所示。

· 钱德拉塞卡极限

钱德拉塞卡（Chandrasekhar，1910—1995）是一位印度裔物理学家和天体物理学家。他出生于印度，大学时代就迷上了天文学和白矮星。1930 年，钱德拉塞卡大学毕业，从印度前往英国准备跟随当时极负盛名的亚瑟·爱丁顿（Arthur Eddington，1882—1944）作研究。他在旅途中根据量子统计规律计算与白矮星质量有关的问题，得到一个非常重要的结论：白矮星的稳定性有一个质量极限，大约是 1.4 倍的太阳质量。当恒星的质量大于这个极限值时，电子简并压力便不能阻挡引力塌缩。那时会发生什么呢？钱德拉塞卡暂时不知道结论，但恒星应该会继续塌缩下去。这个概念与理论相冲突，因为当时大家认为，白矮星是稳定的，是所有恒星的归属。

到了英国之后，钱德拉塞卡重新审核、仔细计算了这个问题并将结果报告给爱丁顿，但却没有得到后者的支持。据说爱丁顿咨询过爱因斯坦，当年的爱因斯坦不相信有什么"引力塌缩"。因此，爱丁顿在听了钱德拉塞卡的讲座后当场上台撕毁了讲稿，并说他是基础错误，一派胡言。恒星怎么可能一直塌缩呢？一定会有某种自然规律阻止恒星这种荒谬的行动！钱德拉塞卡由此受到极大打击，从此走上了一条孤独的科研之路。但他的论文最终在美国找到了一份杂志发表。多年之后，他的观点被学术界承认，这个白矮星的质量上限后来以他命名，被称为钱德拉塞卡极限。当他 73 岁的时候，终于因他在 20 岁时旅途上的计算结果，在 50 年之后，获得了 1983 年的诺贝尔物理学奖。

其实，钱德拉塞卡的计算并不难理解，图 17 可以直观地说明。

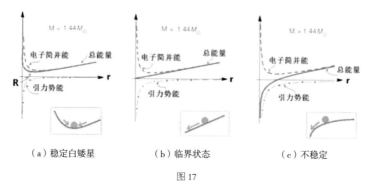

（a）稳定白矮星　　　（b）临界状态　　　（c）不稳定

图 17

使白矮星稳定的钱德拉塞卡极限（M：恒星质量，M_0：太阳质量，r：恒星半径）

图 17 中画出了电子简并能及引力势能随着恒星半径 r 而变化的曲线。图 17 的（a）（b）（c）分别表示恒星的质量小于、等于、大于 1.44 倍太阳质量时的三种情况。电子简并能曲线不受

恒星质量的影响，这三种情形是相同的，引力势能则不同，与恒星质量大小密切相关。引力势能为负值表明是互相吸引，电子简并能的正值表示电子之间统计意义上的"排斥"。三个图中均以红色曲线描述总能量，是由电子简并能和引力势能相加而得到的。从图 17（a）中可见，当恒星的质量小于钱德拉塞卡极限时，总能量在 R 处有一个最小值，能量越小的状态越稳定，说明这时候恒星是一个稳定的白矮星。而当恒星的质量等于或大于钱德拉塞卡极限时，半径比较小的时候总能量曲线一直往下斜（从右向左看），没有极小值，因为系统总是要取总能量最小的状态，就将使得恒星的半径越变越小而最后趋近于零，也就是说，产生了引力塌缩。这三种情形可以类比于图 17 右下方所画的小球在地面重力势能曲线上滚动的情况。只有在第一种情况下，小球才能平衡并达到静止。

以上分析所确定的钱德拉塞卡极限等于 1.44 倍太阳质量，但在图 15 中我们所说的分界线是 8 倍太阳质量，这是怎么一回事呢？后者是主序星阶段的质量界限，而钱德拉塞卡极限指的是白矮星的稳定质量值。从主序星到白矮星，经过了红超巨星及超新星爆发等过程。在这种急剧爆发的阶段，突然放出大量的辐射能量，同时也将一切能抛出的物质全部甩掉，只剩下天体的核心部分。这就是"8 倍太阳质量"变成"1.44 倍太阳质量"的原因。

· 中子星和黑洞

难怪爱丁顿对钱德拉塞卡的"继续塌缩"会惴惴不安，他无法理解密度已经如此之大的白矮星塌缩的结果会是什么？塌缩到哪里去呢？天体半径怎么可能趋于0？物理上太不可思议了！当时中子还刚刚被发现，爱丁顿不见得知道。据说发现中子的消息传到哥本哈根，量子力学创始人尼尔斯·玻尔（Niels Bohr，1885—1962）召集大家讨论，苏联著名物理学家列夫·达维多维奇·朗道（Lev Davidovich Landan，1908—1968）正好在那儿访问，听到这个消息后立即发言，预言了中子星存在的可能性。朗道认为如果恒星质量超过钱德拉塞卡极限，也不会一直塌缩下去，因为电子会被压进氦原子核中，质子和电子将会因引力的作用结合在一起成为中子。中子和电子一样，也是遵循泡利不相容原理的费米子。因此，这些中子在一起产生的"中子简并压力"，可以抗衡引力使得恒星成为密度比白矮星大得多的稳定的中子星。

中子星的密度大到我们难以想象：每立方厘米一亿吨到十亿吨。

恒星塌缩的故事还没完！后来在二战中成为与原子弹有关的"曼哈顿计划"领导人的奥本海默，当时也是一个雄心勃勃的年轻科学家。他想：白矮星质量有一个钱德拉塞卡极限，中子星的质量也应该有极限啊。一计算，果然算出了一个奥本海默极限。不过当时奥本海默计算结果不太正确，之后，奥本海默极限被人们矫正为大约2到3倍的太阳质量。

超过这个极限的恒星应该继续塌缩，结果又是什么呢？基本粒子理论中已经没有更多的东西来解释它，也许还可以说它是颗"夸克星"？但大多数人认为它就应该是广义相对论所预言的黑洞了。那么，史瓦西在1916年从理论上算出来的黑洞，看起来就是（原恒星）质量大于3倍太阳质量的恒星的最后归宿，它很有可能在宇宙空间中存在！这个结论令人振奋。

中子星虽然密度极大，大到难以想象的程度，但它毕竟仍然是一个由我们了解甚多的"中子"组成的。中子是科学家们在实验室里能够检测得到的东西，是一种大家熟知的基本粒子，在普通物质的原子核中就存在。而黑洞是什么呢？就实在是难以捉摸了。也可以说，恒星最后塌缩成了黑洞，才谈得上是一个真正奇妙的"引力塌缩"。

4.5.3 三体问题

为什么经常提及三体不是二体？因为到了3以上的N体问题，大多数运动规律有了本质不同，这还得从牛顿时代说起。

牛顿创建了微积分和万有引力定律之后，自然将它们用于研究天体运动问题。他证明了开普勒三大定律，使二体问题得到彻底解决。

二体问题成功后，牛顿自然地开始研究三体问题，没想到从2加到3之后的问题使牛顿头痛不已。岂止是牛顿，之后的若干数学家，即使直到几百年之后的今天，三体问题仍然未能圆满解决，大于3的N体问题自然就更为困难了，牛顿以当时已观测到的木星和土星运动的不规则性以及彗星以极扁的轨道横穿所有行星的公转轨道所可能带来的干扰作用为依据，提出了太阳系的运动可能会陷入紊乱的担心。人们担心：如此复杂的太阳系，稳定吗？

三体运动

牛顿时代过了 200 年，众人怀疑依旧，正好出了一位喜欢数学的国王，也关心起了这个问题。在 1886 年，瑞典国王奥斯卡二世为了祝贺自己 3 年后的 60 岁寿诞，赞助了一项现金奖励的竞赛，征求太阳系稳定性问题答案。当时评委中有著名的德国数学家魏尔施特拉斯，以及法国的埃尔米特。法国数学家庞加莱得奖。尽管当时庞加莱没有真正解决这个问题，但他对此问题超凡的分析方法使他赢了。后来（1889 年）他的夺冠论文即将发表时，编辑的一个小问题使他发现了自己的一个错误而主动撤回了论文，并自己支付了重印论文的费用，大大超过所得的奖金数。诚实的学者看起来得不偿失的举动，却给科学留下了宝贵财富。

因为庞加莱在纠正错误的过程中，有了许多新发现，使他把原来 250 页的论文增加到了 300 多页。庞加莱发现即使在简单的三体问题中，轨道状况也非常复杂："它们以一种很复杂的方式折叠回自身之上。这一图形的复杂性令人震惊，我甚至不想把它画出来。"

图 18
庞加莱

庞加莱从三体运动最早研究了与天文有关的混沌现象。他企图定性地研究包括小尘埃和两个大星球的"限制性三体问题"，也就是说，小尘埃的质量大大小于大天体的质量。这种情

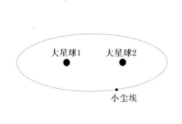
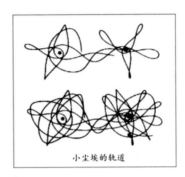

图 19
庞加莱研究限制性三体问题

形下，两个大星球的二体问题可以首先精确求解，大星球 1 和
2 相对作椭圆运动。庞加莱需要定性描述的只是小尘埃在大星
球 1 和大星球 2 的重力吸引下的运动轨迹，但如图 19 右图的曲
线所示，一定的情况下，小尘埃的轨道可能是"混沌"的。

小尘埃的质量比较两个大星球来说可以忽略不计，实际上
是先解大星球的二体问题，即认为它们相对作椭圆运动。然后
再考虑小尘埃的运动。即使如此简化，小尘埃的轨道仍然非常
复杂。

关键问题是：庞加莱提出的实际上就是后来被称为"蝴蝶
效应"（混沌）的概念。三体问题不是没有解，而是没有解析
解。并且，大多数情况下，没有稳定解。意思是说初始值的小
小扰动，结果就可能会有极大不同，以至于对于给定的初始条
件，几乎是没有办法预测当时间趋于无穷时，这个轨道的最终
命运。事实上，这正是后来进一步发展的混沌概念。蝴蝶扇动
翅膀的微扰都有可能造成一场龙卷风级别的计算偏差。

庞加莱的思想和能力太超前于他的时代了，他用手算手画，却在"三体问题"中发现了混沌！时至今日，计算机技术能够处理异常复杂的几何图像，但三体问题仍未得到根本解决，因为混沌是多体运动的内禀属性。既然如此，那么我们返回到古老的问题：太阳系稳定吗？

不排斥太阳系（太阳＋行星等）存在混沌轨道的可能性，也许现在的运动也是"混沌"而不稳定的！

太阳系的确是一个混沌系统。但"稳定"是一个相对的概念，太阳系中 N 体间的距离、N 体的质量……是如此之大，对我们来说都是天文数字，所以计算的结果（就是混沌现象的时空尺度）也是天文数字！混沌理论中，用李雅普诺夫时间来表征混沌现象的时间尺度。计算得到：太阳系的李雅普诺夫时间是 500 万—1000 万年。

例如，太阳系中主要轨道波动的时间尺度以亿年计算！天文观测到的引力"摄动"便与三体（或多体）问题有关。摄动在小行星或彗星上表现更明显。例如在 1996 年 4 月，木星的引力场影响到海尔－波普彗星轨道的周期从 4206 年缩减为 2380 年，将近 2000 年。

因此可以说，对我们人类活动的时空范围而言，太阳系是稳定的，在宏大浩渺的宇宙面前，人类是如此渺小，这一次的"渺小"，正是使我们安全的因素。

第五章
太阳系大家庭

"天接云涛连晓雾，星河欲转千帆舞。"——宋·李清照

5.1 ▪ 太阳和八大行星

　　人们最早的天文知识，开始于白天的太阳和晚上的月亮。然后再进一步，才了解一些其他常见到的星星。古代中国人将离地球最近、肉眼可见的几颗星星命名为"金木水火土"，西方则大多数以罗马神话中的诸神来称呼它们。我们现在知道，天空中最亮的东西：太阳、月亮，还有其他和我们地球一样绕着太阳转圈的星星一起，组成了一个"太阳系"大家庭。

　　这个大家庭中，最重要的主角是太阳。太阳是一个会发光发热的庞然大物，大到可以放下 100 万个地球。它供给我们必不可少的、赖以生存的能量。因为有了太阳，才孕育了地球上的生命，低级生命才得以进化为高等智慧的人类，人类又发展了引为自傲的高科技及现代文明。然而，如果没有太阳，或者太阳某一天突然停止发光发热，地球上的这一切都将化为乌有。

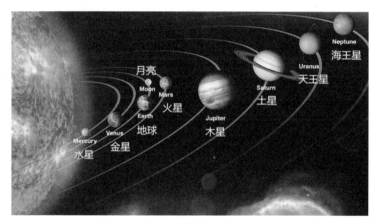

图1
太阳系

　　地球在太阳系中的确小得可怜，不仅仅是相对于太阳而言，即使在八个兄弟姐妹中，地球也只是一个很不起眼的"小个头"，见图1。

　　尽管大小不一，绕太阳转圈的八大行星和谐共处，各行其"椭圆轨道"，各有其不同的"性情特色"。水星离太阳最近，但不是一个适合居住的地方，它的表面温度白天可达 425 摄氏度，晚上冷到 –175 摄氏度。水星之外，是离太阳第二近、在黑暗的天空中亮丽抢眼的金星。被称为"美神"（Venus）。美神虽美，却又太热情，温度总在 470 摄氏度以上，所以对我们人类而言，只能遥望，不宜亲近。

接下来便是我们可爱的家园，郁郁葱葱的绿色地球，这是唯一一个没有用"神"来命名的太阳系行星，也是迄今为止我们唯一发现有智慧生物居住的地方。与地球相比，离太阳稍远一点的是火星。火星并不"火热"，温度比地球还低，从 –80 摄氏度到 –5 摄氏度左右。火星表面大气稀薄，土壤内富含铁质类的氧化物，经常狂风四起，铺天盖地而来的红褐色含铁沙尘暴使它赢得了一个"战神"（Mars）的英名。火星之外，是块头最大的木星。木星上也无木头，是一颗气态加液态物质组成的行星，它内心炙热（温度上万摄氏度），外表却冷漠（只有 –110 摄氏度）。极大的温差使得木星表面天气恶劣，不过，它心地善良，射出一支又一支的"爱情之箭"，默默祝愿天下人终成眷属，它是爱神丘比特。下一位土星兄弟，比木星稍小一点，也是以气态氢为主。土星有两个与众不同之处：一是它特有的、引人注目的、使它显得缥缈潇洒的光环，那是由冰粒和尘埃构成的；另一个特点是"多子多孙"：它有 60 多个卫星，其中有一个"土卫六"（Titan），是由荷兰物理学家惠更斯在 1655 年发现的，土卫六拥有浓厚的大气层，被怀疑有可能存在生命体，从而曾引起研究者们极大的兴趣。

从土星再往太阳系的外围走，下一个是天王星（Uranus）。

天王星离地球较远，但用肉眼仍然依稀可见。天王星轨道之外的另一颗行星为海王星。海王星距离太阳最远，表面温度低达 −203 摄氏度。是太阳系中最冷的地区之一。海王星之后发现的冥王星，于 2006 年被取消了太阳系行星的资格，我们的大家庭最后留下"八大金刚"。

图 2

八大行星可以被"塞进"地球和月亮之间

　　人类最亲近的天体当然是月亮，与太阳系大家庭比起来，月亮与地球非常近，但是，比较起月地距离和地球的体积大小，月亮与地球中间似乎空空荡荡的什么也没有。要知道月地距离是 38 万千米，地球半径不过 6000 千米，因而，地球直径大约只是月地距离的三十分之一，如图 2 所示，你可能没有想到，太阳系的八大行星可以被排成一排，完全"塞进"地球和月亮之间，还仍然有剩余空间。不过，还好我们的八大行星从未挤到地球月亮之间来过，据说如果发生那种情形，将会引起一场大灾难！

5.2 ■ 九天揽月

九天揽月

"明月几时有，把酒问青天。"——宋·苏轼

月亮是地球最亲近的"伴侣"，但月亮对地球总是"羞羞答答""犹抱琵琶半遮面"，永远只是用它的正面对着地球，直到1959年，苏联的月球3号太空船才拍摄到了月球背面的第一张影像。造成这种现象的物理原因是月亮的自转速度和绕地公转速度一致。这种一致性平衡了天体"腹背"所受到的不同引力。在这一节中，我们从月球的这个特殊属性，介绍引力作用产生的潮汐锁定和轨道共振现象。

5.2.1 潮汐力

这种因为作用于物体不同部位引力之不同而引起物体内部产生的应力被称为潮汐力。月亮的"面孔"取向并不是太阳系中独一无二的。许多卫星都符合这种"潮汐锁定"现象，只用一面对着它的"主人"，以使得内部应力最小。这又一次证实了：大自然按照某种"极值"规律创造万物！

潮汐力的名词来源于地球上海洋的潮起潮落，但后来在广义相对论中，人们将由于引力不均匀而造成的现象都统称为潮汐力。我们所熟知的地球表面海洋的潮汐现象，是因为月亮对地球的引力不是一个均匀引力场而形成的，见图3（a）。人站

在地球上，地球施加在我们头顶的力比施加在双脚的力要小一些，见图3（b），这个差别使得在我们身体内部产生一种"拉长"的效应。但因为我们个人的身体尺寸，比较起地球来说太小了，我们感觉不到重力在身体不同部位产生的微小差异。然而，在某些大质量天体比如黑洞附近，就必须考虑这点了，这种差异能产生明显的效应，可以将人体撕裂毁灭，见图3（c）。

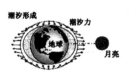 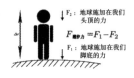

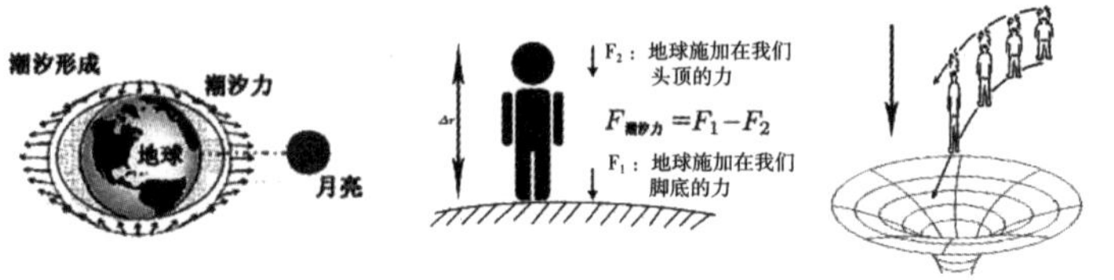

（a）月亮对地球引力不均   （b）地球的引力形成潮汐力   （c）黑洞附近的潮汐力
匀形成潮汐力

图3
潮汐力

一般而言，引力可以从两方面影响天体运动：

1. 质心的椭圆运动，这种情况下，将两个天体看作是质量集中于质心的点粒子，其间的作用力被称为向心力。

2. 天体被视为有体积和形状，因此需要考虑对天体各部分引力大小之不同，这种引力被称为潮汐力。

例如，月对地的不同部位的距离不同，引力也不同。引力不均匀的结果使得地球上海面在月地连线的方向上"隆起"，形成潮汐现象，见图4。这是"潮汐"力这个名词的来源。

月亮的年龄45亿年左右，与地球差不多。月亮形成的机制有多种说法：分裂说，月球从地球分裂而形成；孪生说，地月同时产生；捕获说，较主流的观点认为，月亮是被地球引力捕获后成为地球卫星的。

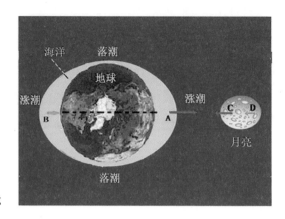

图 4
地球上潮汐的形成

　　太阳和月亮对地球都产生潮汐力，但真正地球上潮汐的形成，主要是因为月球对地球的引力。因为太阳离地球更远，影响更小。区别体现在（大潮和小潮）中。

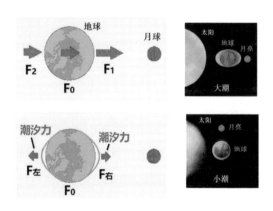

图 5
大潮小潮

　　但后来，"潮汐"力这个名词被推广到泛指"因为引力对物体各个部分不同"引起的某些效应。

　　比如说，月球只用它的一面对着地球，使得所有地球人看到的都是月亮的同一半"脸"！月亮的这种古怪行径被说成是：地球对月球的"潮汐锁定"。

5.2.2　潮汐锁定

潮汐锁定，锁定什么？地球对月球锁定的是：月亮的公转自转同步，周期相同，结果就是地球上只能看见月球的一面。

图 6 表明了月球的公转、自转不同步和同步的区别。

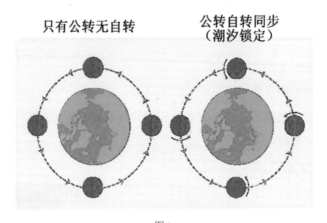

图 6
地球对月球的潮汐锁定

潮汐力（地球在月球不同处的引力差）影响月球自转，产生一个使椭球形的月球绕自身中心逆时针旋转的力矩，也就是说力矩的作用将使月球转回到与地月连线一致的椭球轴。如果月球原来就在自转，并且自转速度大于公转速度，力矩的作用方向则相反，最后的结果都是趋向于"自转周期等于公转周期"的同步状态，或称"锁定"在以同一张"脸"对着地球的状态。

因此，总结而言，地球对月球的引力产生两种效应：

向心力维持月球的轨道运动，潮汐力（力矩）锁定自转速度。潮汐锁定，是宇宙天体间普遍存在的现象。月对地、日对地，也有企图"锁定"的潮汐力，但尚未锁定，需要时间和机遇。宇宙中大大小小、形形色色的物体，展开"引力大战"！用它们各自的引力和电磁力，像是在互相抢地盘，占山头，大星吞小星，小星撞大星，用物理规律展开一场无言的战争。

目前，地球锁定了月球，月球尚未锁定地球，那么，月对地也会"潮汐锁定"吗？

地球的自转周期是1天，月绕地球的公转周期是1月。最后，在地质时间尺度上，潮汐减慢了地球自转的速度，并使月球远离地球。由于地球质量远大于月球，所以月球先被地球潮汐锁定。而在月球潮汐力的作用下，地球的自转速度也在逐渐变慢，自转周期从40多亿年前的4小时逐渐增加至今天的24小时，变得非常缓慢！

太阳也会"潮汐锁定"地球吗？地球的公转周期是1年，自转周期是1天。潮汐力与距离的三次方成反比，随距离的增加，衰减非常快。

如果地球被太阳锁定，会如何？一面无尽的白天，另一面是永恒的夜晚！气候将变得人类无法生存。

理论上只要时间足够长，八大行星都会被太阳潮汐锁定，但是地球被太阳潮汐锁定，预计还需要近100亿年的时间。这个过程是非常缓慢的，到时候太阳经历了红巨星时期，早已演化为白矮星了。

5.2.3 轨道之间的"引力共振"

潮汐锁定也可看作是一种自旋与轨道间的"引力共振"。月亮的共振是属于自转、公转周期比为 1：1 的情形。也观察到很多其他比值的自旋轨道共振。比如说，水星是离太阳最近的行星，科学家曾一度认为水星是潮汐锁定的天体，但后来研究表明：水星的自转与其绕太阳公转周期的比值为 3：2。

大小相似的天体，两者可能同时被潮汐锁定。互相锁定的矮行星冥王星和凯伦（卡戎）就是例子——冥王星的一个半球可以看见卡戎，反之亦然。它们永远以相同位置遥遥相对，以6.38 天的周期互绕，像被一根长棍子固定在一起，互相都只看到一面。

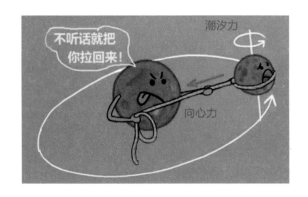

图 7
潮汐力和向心力

轨道共振是天体力学中的常见现象，类似于用重复施加的外力推秋千所产生的累积效应。例如，木星的伽利略卫星木卫3、木卫 2、和木卫 1 轨道的 1：2：4 共振，以及冥王星和海王星之间的 2 ∶ 3 共振等。

更仔细的计算表明，从地球上并不是刚好只能看到月球的一半，而是能够看到整个月球的 59% 左右。地球转来转去，偶然总能惊鸿一瞥，窥探到一点点月亮背面隐藏的秘密！这额外9% 的来源，与另一个叫作"天平动"的天体运动机制有关，在此不表。

5.3 ▪ 探测太阳

物理学家最感兴趣的大家庭成员是作为主人的太阳。太阳的形状几乎是一个理想的球体，中间是核心，然后是辐射带，最外层是对流带〔见图 8（a）中的示意图〕。太阳内部及表面发生的热核反应与我们地球上人类的生存息息相关。太阳是被我们称之为"恒星"的那一类天体。恒星有它的生命周期，它的"生死"决定了大家庭成员们的生死，不可小觑。

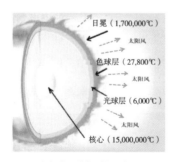

（a）太阳大气层的温度

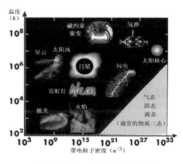

（b）物质的第四态：等离子体

图 8

太阳的内部结构和等离子体

万物生长靠太阳，太阳与人类的生存环境息息相关，因此，太阳成为人类航天计划的重要探索目标。20世纪90年代开始，美国宇航局发射了一系列探测器，目标直指太阳辐射带。2021年10月，中国也发射了羲和号，是中国首颗太阳探测（地球）卫星。

5.3.1 太阳风

"太阳风"和"日冕"，是太阳探索的主要对象。太阳的辐射能来源于核聚变，核心温度高达 1.5×10^7 摄氏度，太阳表面温度下降到5,800摄氏度左右。外围是太阳大气：最密的薄薄的光球层、然后是色球层、最外层的日冕可以延伸到几个太阳直径甚至更远。色球层的温度起初略降，但后来急剧升高到27,000摄氏度左右。日冕区温度甚至达到了几百万摄氏度。日冕与火焰类似，是等离子体〔见图8（b）〕，但它比一般火焰温度要高出3个数量级。它的极高温是如何形成的？仍然是未解之谜。

太阳风主要不是光，是高速带电粒子流。光只需8分钟就抵达地球，太阳风带电粒子要飞行40小时左右，还好这些高速粒子最后被地磁场"大伞"阻挡在外，见图9。但是也有突发事件，当太阳突然剧烈活动时，太阳风也就来得迅速刮得猛，大伞百密一疏防不胜防，总会有漏洞，随风飘来闯进一些高能离子，侵入地球极区，与大气层作用放电，产生壮观绚丽五彩缤纷的极光。极光美丽但高能粒子可不是好玩的，有记录表示它们对电子设备、电力设备曾经造成伤害。太阳风产生于

高温日冕层，天体物理学家们研究日冕，得到更多数据，从而
验证理论，减少太阳风的危害。

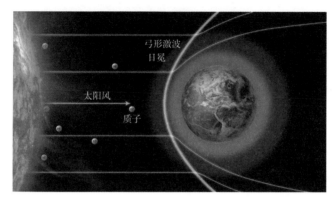

图 9

地球磁场像一把大伞，抵挡太阳风

5.3.2　帕克探测器

美国宇航局于 2018 年发射的帕克太阳探测器，便是人类派
出的一个探测太阳使者，主要目的是探索日冕层。它以芝加哥大
学天文学家尤金·帕克（Eugene Parker）命名，是第一个以在

尤金·帕克（1927—2022）

安德鲁·A. 丹茨勒
（1962—2011）

图 10

帕克探测器携带了天文学家的信息

走近宇宙的现场

谈天说地

世科学家命名的航天器。当年帕克94岁，研究出太阳风理论，并预测帕克螺旋的存在。帕克本人已于2022年初去世，他获得多项奖项，包括2020年克拉福德天文学奖。帕克探测器还带着一张装有110多万人姓名的记忆卡，包含帕克及其论文的照片。另外也携带了纪念第一位项目经理的信息——丹茨勒（Andrew A. Dantzler），工作投入，具献身精神，于49岁心脏骤停去世。

太阳日冕的条件非常极端，辐射强度约为在地球轨道的475倍。所以我们给帕克探测器蒙上一层厚厚的面罩，以保护飞船和它的四个科学仪器免受高温和辐射。仪器功用包括电磁场调查、太阳综合科学探测、太阳探测的广域成像仪、太阳探针分析仪和太阳探针杯等。

帕克探测器是第一个飞到太阳日冕中的航天器，的确是一位追日的人造英雄！任务预定7年左右。之前的太阳探测器，一般都是首先往土星发射得到助推，例如尤里西斯探测器（Ulysses），发射了三年后才到达竖起来的太阳轨道。帕克探测器则是在发射时便直奔太阳，3个月之后就飞到了近日点。从它的轨道可见：按照计划，它将在2025年最接近太阳，与太阳中心距离仅有9.86个太阳半径，届时的速度很高。计划绕太阳飞行24圈，每隔五个月左右探测器就会快速穿过炙热的太阳大气层，对这颗恒星进行前所未有的近距离观察。

帕克探测器计划绕太阳飞行24圈，现在已经飞行了10圈。以创纪录的距离接近太阳（第10次近日点），帕克探测器以每小时60万千米的速度移动。该任务从2021年11月16日开始，到 11 月 26 日，航天器状态良好，运行正常。该航天器将在 12 月 23 日至 2022 年 1 月期间将来自这次近日点的数据传回地球——主要涵盖太阳风的特性和结构，以及太阳附近的尘埃环境。

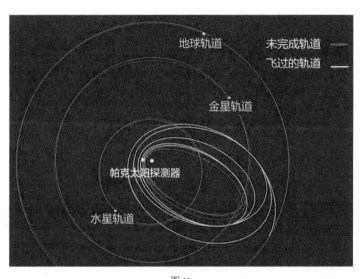

图 11
帕克探测器的轨道（美国宇航局，2021 年 11 月 24 日）

成果：帕克探测器已经传回有关太阳活动的不少重要信息。这些测量帮助天体物理学家们更好地了解太阳风、日冕、太阳磁场翻转、太阳附近尘埃云的碰撞演化等等，还观察到多种从未探测过的粒子爆发。太阳的日冕区是一个以前任何航天器都没有探索过的区域。2021 年 7 月有篇报道，爱荷华大学的物理学家对太阳电场有了新的认识：通过帕克探测器测量从太阳流出的电子、太阳风的主要组成部分，能确定脱离太阳的电子与未脱离太阳电子之间的能量边界。

5.3.3 太阳的归宿

恒星都经历"生老病死"的演化过程，最后引力塌缩，有成为黑洞的可能性。太阳也是恒星，那么，太阳最后会变成一个黑洞吗？答案是：不会。为什么呢？我们得从恒星的演化过程谈起。

图 12 图中可见，太阳是在大约 45.7 亿年前诞生的，太阳的主序星阶段很长，有 100 亿年左右，到目前为止，太阳的生命刚走了一半，"正值中年"。

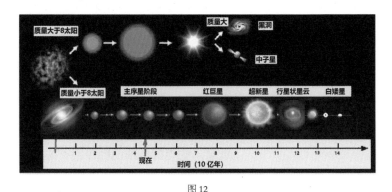

图 12
恒星（太阳）生命周期

恒星的主序星阶段，就是它们内部的热核反应而稳定发光的阶段。太阳核心球的半径大约只有整个半径的五分之一到四分之一。太阳内部的热核反应，产生携带着大量能量的伽马射线，也就是一种频率比可见光更高的光子，同时也产生另外一种叫作中微子的基本粒子。光子和中微子，在太阳内部的核反应中被同时产生出来，但它们的旅途经历却完全不一样。光子是个"外交家"，与诸多基本粒子都能"交往"，它们一出太阳核心，旅行不到几个微米便会被核心外的其他粒子吸收，或者是被转化成能量更低的光子向四面八方散射。因此，光子的轨迹曲曲弯弯、反反复复、曲折迂回，平均来说，太阳核心的一个辐射光子，要经过上万年到十几万年的时间，才能到达太阳的表面，继而再飞向宇宙空间，照耀太阳系大家庭，促成地球上的"万物生长"。当光子来到太阳表面时，已经不再是能量虽高却看不见的伽马射线，而是变成了我们看得见的"可见光"，太阳表面的温度也已大大降低到大约只有6000摄氏度。中微子的行程则大不相同，是直接往外冲，它们不怎么和其他的物质相互作用，因而，它在被核聚变产生出来之后，两秒钟左右便旅行到了太阳表面，从太阳表面逃逸到太空中去了。所以，非常有趣，假设我们在地球上同时接收到从太阳辐射来的光子和中微子时，它们的年龄可是相差太大了：中微子是个太阳核心几分钟之前的"新生儿"，产生后直达地球，同时来到地球的光子却已经是多少万年之前的"老头"产物了。

主序星的阶段虽然长，但恒星内部的氢，即热核反应的燃料是有限的，终有被消耗殆尽的那一天。对太阳而言，从现在开始，温度将会慢慢升高，当它100亿岁左右，核心中的氢被烧完了，但是内部的温度仍然很高，核心中的氦又累积到了一定的比例，在核心处便会进行激烈的氦燃烧，导致失控的核反应（氦融合），像氢弹爆炸一样，轰隆一声巨响，短时间内释放出大量能量。那时的太阳会经历一个突然膨胀的阶段，将变成一个大红胖子（红巨星）！红胖子的阶段虽然也有好几亿年，但在天文学家们的眼中却不算一回事，将这一过程叫作"氦闪"，这一闪就是一百万年！结果闪出了一个大红胖子，胖子内部的氦还在继续燃烧，核心温度达到 1 亿摄氏度。待很大比例的核心物质转换成碳之后，内部温度开始逐渐下降，随着外层的星云物质逐渐被削去，引力使得天体向核心塌缩，体积逐渐缩小。最后，一个白矮子从红胖子中脱颖而出，这便是太阳老时的模样：白矮星！太阳目前的体积等于一百万个地球，但它成为白矮星后，体积将缩小到地球一般大小。因此，白矮星的密度极高，从其中挖一块小方糖大小（1 立方厘米）的物质，重量可达到一吨！

白矮星的光谱属于"白"型，白而不亮，因为这时候聚变反应已经停止，只是靠过去积累的能量发出一点余热而已。老恒星也明白"细水长流"之道理，它们发出的光线黯淡不起眼，将剩余的能量慢慢流淌，直到无光可发，变成一颗看不见的，如同一大块金刚石（钻石）形态的"黑矮星"为止！目前在宇宙中观察到的白矮星数目已经可以说是多到"不计其数"，据估计银河系就约有 100 亿颗。但是，黑矮星却从未被观测到，科学家们认为其原因是从白矮星变到黑矮星需要几百亿年，已经超过了现在估计的宇宙年龄。

因此，太阳最后的结局是白矮星，或者再演化到黑矮星。从图 12 可见，主序星阶段之后，恒星的演化过程因为质量的不同而产生了分岔。质量大于 8 倍太阳质量的恒星，形成红巨星（或红超巨星）之后，还将会经历一个超新星爆发的阶段，最后变成中子星或黑洞；而质量小于 8 倍太阳质量的恒星，其归宿便和太阳一样，成不了黑洞，最后成为白矮星。

5.4 ▪ 伽利略的望远镜

技术的发展帮了科学的大忙：荷兰人发明了望远镜，一名眼镜制造商汉斯·利普西在 1608 年提交了望远镜的专利申请。望远镜为天文学立下汗马功劳，从伽利略开始……

5.4.1 伽利略观察木星卫星

伽利略虽然没有发明望远镜，但他是第一个使用望远镜系统地研究天空的人。伽利略一听到发明望远镜的消息，立刻想到了可以将此技术用于天文观测，并在一个月内将望远镜加以改进，做出了能放大 8~9 倍的望远镜，用来观测天体。之后再过了几个月，伽利略又将望远镜进一步改进到能放大 20 倍之多。他的小望远镜甚至比廉价的现代业余望远镜还要差，但他在天空中观察到的东西震撼世界。当伽利略第一次举起望远镜望向星空，他看到了些什么？

他看到了月球并不平坦，而是坑坑洼洼。上面覆盖着山脉并有火山口的裂痕。一年后，他又观察到木星的圆面，看到金星圆缺变化的满盈现象，以及太阳的黑子运动；他看到了银河由许多星星组成，表明地球外的宇宙之大。这些新发现实际上为哥白尼日心说间接提供了证据。

1610 年 1 月 7 日那晚，伽利略又将望远镜对准了木星，发现木星总是被 3 颗星伴随着。过后几天，伽利略在木星旁又发现另一颗，总共四个光点，像四颗乒乓球一样陪伴在木星身边，见图 13 中的框图。四个亮点一直随着木星运动，并围绕木星有所转动。伽利略猛然开窍：那四颗星不是恒星，和月亮绕地球转一样，它们应该是木星的卫星！

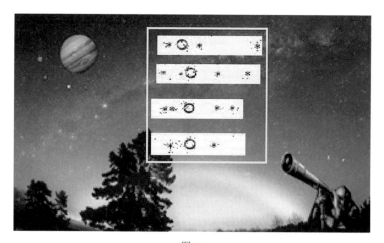

图 13
伽利略观察到木星的卫星

聪明的伽利略利用他的新发现来笼络当时佛罗伦萨最大的贵族——麦迪席家族，他将新发现的这四颗木星卫星命名为"麦迪席星群"，因为正好麦迪席家族有四个儿子。麦迪席家也因此安排伽利略成为比萨大学的教授，且不用教书和尽公职，只专心做研究，这使得当时的伽利略名声大噪，誉满欧洲，人们似乎忘记了（或者说是视而不见）这些新发现对哥白尼日心说的支持。每个贵族，包括法国王室在内，都想叫伽利略找到什么新的星星，好以他们的家族姓氏来命名。

后来的天文界承认伽利略发现了木星的这四个最大的卫星，将它们称为"伽利略卫星"。摒弃了四个卫星的贵族命名，分别用希腊神话中宙斯朱庇特情人的名字来命名：伊奥（Io）、欧罗巴（Europa）、加尼美德（Ganymede）、卡利斯托（Callisto）。后来科学家们又不停地发现了木星的多个卫星。据当前的资料，木星卫星数目是太阳系行星中最多的，地球只有一个月亮，而目前发现的木星卫星已有 92 个。

木星的卫星太多了，不方便人继续用宙斯情人（或倾慕者）的名字，或这些人的女儿（女儿的女儿）名字来命名它们。只好改成以数字排队了，也比较科学：木卫 + 编号。比如说，四颗伽利略卫星可以被简单地称为木卫一、木卫二、木卫三、木卫四。

木星卫星中只有八个属于轨道近圆形的规则卫星（轨道近圆形，形体较规则），包括四颗最大的伽利略卫星，以及其余四颗体积更小，但更接近木星的卫星，这四颗小规则卫星（木卫十六、木卫十五、木卫十四、木卫五），被认为是薄薄的木星环尘埃的主要来源。

四颗伽利略卫星的直径均超过 3000 千米，其大小都可与月球相比较，最大的木卫三比水星还大。不过，木星的其余 92

颗卫星就都是娇小玲珑的"矮个子"了，直径都低于 250 千米，有的小到不到 1 千米。因木星拥有如此众多的卫星"伴侣"，使它看起来颇像一个小太阳系。

图 14
木星的 8 个规则卫星

5.4.2 探测木星

除了伽利略之外，人类一直都在研究木星，如此一个"气体"星球，大气无"氧"表面温度极低，科学家们却十分感兴趣，究竟为何原因？

首要原因当然是它大，在太阳系中仅次于太阳。它拥有巨大的电磁场，对人类生命也许有潜在影响。二是众多的卫星及相关小行星，都臣服于它的超强引力。木星的环境不适合人类，但生命是否有可能存在于它的卫星上？它还有成千上万的小行星，有生命存活的条件吗？科学家们已发现一些蛛丝马迹，例如存在水的迹象。第三，木星有许多难解之谜，激发人们天马行空的想象。

木星表面有红、褐、白等颜色，纹路清晰缤纷灿烂。最奇怪的是，"纹路"中还夹着一块令人印象深刻的大红斑。这都是些什么呀，如何形成的？

此外，木星很多方面与太阳相似，但为何一个成了恒星一个是行星？比如元素含量，氢元素大约占75%，氦元素占24%，和太阳中元素含量差不多，所以探索木星有助于了解太阳。

·引力弹弓的访客

已经有好些个航天器拜访过木星，大多数是掠过而"顺访"一下这位巨无霸。木星家大业大，接待个把客人不在话下，还可以顺便给客人来个"引力弹弓"，推它一把。让它们增大速度，奔向人类预设的目的地，顺利地到达。旅行者、先驱者、尤利西斯、卡西尼、新视野等探测器都访问过它。

当然，在"顺访"的过程中，航天器也偷拍几张木星照片，测量一些有关木星的物理数据，传回给地球上的科学家。这些宝贵的信息大大加深了人类对木星的认识。别的不说，人类发现的木星卫星数目从个位数不断地增加，其中，这些前期造访者的功劳很大。

有两个航天器的目的算是常驻木星绕着它打转的：伽利略号打头阵，朱诺号再接班，它们的故事都不平凡。

走近宇宙的现场

谈天说地

· 伽利略号

这个探测器一生波折，问题不断，设计者只给它安排"绕木"两年，但它绕木8年总共服务14年，从1989年到2003年。它曾经记录了1994年舒梅克·利维九号彗星撞木星的天文奇观，这是人类第一次观察到太阳系内两个天体的碰撞事件。伽利略号最后以自杀方式壮烈牺牲，永远消失在木星的大气间。

朱诺号探木星

· 朱诺号

朱诺是古希腊罗马神话中朱庇特妻子的名称，据说天神朱庇特总是在身旁造出一层云雾，以遮掩他的顽皮行径，而唯有他的夫人朱诺，能够看穿层层云雾见识朱庇特真身。朱诺号航天器虽然长相不如天后那般美丽，它看起来像一架三叶片大风车，不过它却是集智慧于一身。三个巨大叶片是太阳能电池板，每块长9米，宽2.65米。

美国宇航局于2011年发射朱诺号，5年后朱诺号刚刚飞到木星边，这时主引擎发生故障，未到预定轨道，只能按53天周期绕木转圈。但后来朱诺号奇迹般地因祸得福，峰回路转。它壮志凌云身未亡，忠于职守绕木转，寿命从原来的2021年延长至2025年！

在发射朱诺号之前，大多数的航天器都是利用核能，朱诺号的大叶片则是为了充分利用太阳能。因为木星离太阳是5.2倍的日地距离，必须遵循太阳能量的辐射平方反比定律。同样大小的太阳能板在木星处接收到的光能比地球上少得多，只有地球的 1/25 或 4%，大大的叶片总共放置了 1.8 万个太阳能电池，它们能为朱诺号提供 500 瓦左右的电力使它顺利绕木运行。

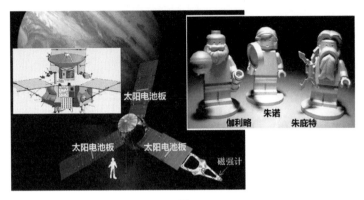

图 15
朱诺号

不愧是太阳系"巨无霸"探测器，朱诺号高大威武、重量不轻。中心处是一个大脑袋，直径便有 3.5 米，相当于一个大汽车的尺寸。三块太阳能电池板，伸展出去的空间范围有 20 米。还有 2 吨左右的燃料和氧化剂，加上测量来自木星的各种辐射的 9 台科学仪器。此外，为了防止木星的强辐射，朱诺被戴上一个重量 200 千克的"头盔"，这些使得朱诺号总重量达到 3.6 吨。

科学家们不失幽默地要使朱诺号表现更多人性，让它带上了三尊特别的铝制乐高人：朱庇特手握闪电、朱诺用放大镜明察秋毫、伽利略拿着望远镜。

朱诺号去木星不容易，要克服地球重力还得克服太阳引力，

仪器：微波辐射计、木星极光红外成像仪、先进星光罗盘、无线电及等离子波探测器木、星极光分布实验、木星高能粒子探测仪紫外成像光谱仪、朱诺相机

走近宇宙的现场
谈天说地

113

因为我们不要它绕着太阳转而要绕着木星转。为此科学家们预先为它精心设计了轨道，有如下几个亮点：

1. 朱诺号 2011 年升空，两年零两个月到达金星轨道后，她转回头飞回地球到离地 559 千米的高度，借力于地球之引力弹跳，获得 7.3 千米 / 秒的速度增量！

2. 巡航五年后被木星俘获但绕木轨道不是简单重复，由于进动原因，每次轨道都会偏离一点点，使得探测器能够从稍微不同的角度和位置来观测木星。整体轨道像春蚕吐丝、蜘蛛织网，密密麻麻将木星包围其中。

3. 木星拥有强大的人眼看不见的巨无霸磁场，是地磁场的 50~100 倍，强大的磁场与太阳风的作用相抗衡使得周围形成强大的辐射带，但辐射带结构中有空隙，朱诺号巧钻空隙避磁场。

4. 高速自转似陀螺一样，得以保持自身稳定。

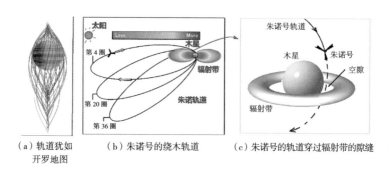

（a）轨道犹如开罗地图　　（b）朱诺号的绕木轨道　　（c）朱诺号的轨道穿过辐射带的隙缝

图 16

朱诺号在木星磁场中钻空子

朱诺号不远万里长途跋涉 5 年终于抵达木星身边，进入了

"俘获轨道"，环绕周期为 53.5 天，而工作轨道周期是 14 天，原计划转两圈后最后一次点火变轨实现，不巧主发动机突发故障，地面人员紧急补救而决定不将引擎点燃。最终朱诺号只能在 53 天的轨道上继续打转。公转周期延长，节奏减缓，意味着离木星更远。但对朱诺号而言反而因祸得福，寿命多了好几年，因为设备受到更少的磁场伤害，延长了使用年限，美国宇航局也及时地将朱诺号的任务扩展到 2025 年。

新任务涉及 42 个额外的轨道，包括近距离掠过木星的北极气旋，以及飞越木卫一、欧罗巴，还有比水星还大的木卫三，也将广泛探索环绕木星的微弱光环。

2016 年开始，朱诺号已经绕着木星转了 38 圈。它近距离地观察收集到不少新信息，汹涌澎湃大气层、两极多边形气旋、极光、磁场、闪电。特别是木星那个最引人注目的大红斑……

这个太阳系最大的风暴至少存在了 200 年甚至更长时间，但朱诺号的观测结果显示，大红斑正处于生命周期的最后阶段。在 1880 年左右，大红斑足以吞下 4 个地球，那时它第一次被发现，如今风暴缩小到大约 1.6 万千米，是地球直径的 1.3 倍而已。朱诺号也发现大红斑的深度可达数百千米，她拍摄到的大红斑风暴观测图像详细又壮观。朱诺号首次提供了木星气流的三维视图，发现大红斑的大气带以高达 480 千米／小时的速度旋转。朱诺号探测到延伸至云层以下 3000 千米处的喷流，使科学家们了解到前所未知的木星。

走近宇宙的现场
谈天说地

5.5 ▪ 土星

土星和木星都颇具神秘感：木星特点是大，土星特点是"环"。木星较活泼，土星宁静美丽、"腰缠"光环，女神飘浮在天边，比木星更为遥远……

5.5.1 复杂多变的土星环

伽利略的望远镜不仅指向木星，也指向土星。不过，1612年的伽利略很生气，因为他从两年前就一直观察到的土星的"两只耳朵"突然消失不见了！这个倒霉的事件甚至使他在这一年宣布说"放弃"对土星的观测，将他的望远镜指向了别的星球。但宣称的"放弃"并不等于绝对不看，科学家的好奇心毕竟强过自尊心，况且，伽利略在潜意识中坚信土星的那两只耳朵一定会再回来的，所以经常还是要偷偷地往那个方向"瞄上一眼"。果然不出伽利略所料，1616年，耳朵又回来了，是什么原因呢？惊喜之下又带给物理大师无尽的困惑……

现在，我们都知道伽利略看到的不是什么土星耳朵，而是如今人人皆知的"土星环"，见图17，图中显示了人类对土星环认识的历史变迁，惠更斯在继伽利略看到"耳朵"的50年后，使用更大的望远镜，认识到那是与土星分离的、围绕在土星周围的一个"环"，又过了十几年，卡西尼不仅确定了这是个环，还看清楚了环不止一个，起码是由中间夹着一条窄缝的两个圆盘状的又薄又平的"分环"组成的。为纪念卡西尼的发现，后人将这一条分开 A、B 两环之间的狭缝命名为"卡西尼缝"。到了 2006 年，卡西尼－惠更斯号土星探测器拍摄了许多土星环照片，一幅又一幅既美丽浪漫又精致详细的"童话"似的图案。

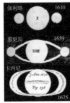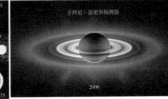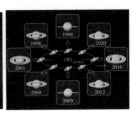

（a）人类观测到的土星环景象的历史变迁　　　（b）从地球上看土星环消失
　　　　　　　　　　　　　　　　　　　　　　　　　　（约 15 年）

图 17
地球人观察土星环（图片来源：美国宇航局）

然而，你要是真坐在卡西尼－惠更斯号上，在近处观察土星的美丽光环的话，心中的童话世界可能要破灭了！那个看起来细薄如光碟、缥缈如轻纱般的"环"，原来是由大量冷冰冰、硬邦邦的尘埃、冰粒和石块组成的，近距离看来，似乎毫无美丽浪漫可言〔图 18（a）〕，并且，在太空中飘荡的卡西尼号还得小心地防止被这些大石块"砸死"。

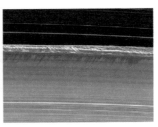

（a）土星环由冰粒和石块构成　　　　（b）阴影中看出 B 环的垂直结构

图 18
卡西尼号观察土星环（图片来源：美国宇航局）

如此看来，土星环并不是一个真正的"固态环"，就像银河不是"河"一样，看不清楚时才把它们描述成"河"或者"环"。第一个认识到土星环不是一个整体环的人是麦克斯韦。那时候的麦克斯韦还年轻，二十几岁，尚未成为"电磁学之父"。他开始研究土星环，是因为之前的大多数科学家公认的"土星环固体模型"遭遇困难。行星边上一个均匀刚性环的运动，在动力学上是不稳定的，任何轻微的扰动都会导致环的分崩离析并落向土星。麦克斯韦仔细地研究了各种固体环模型的稳定性条件，经过对引力和离心力的严格数学计算，排除了土星环的整体"固态模型"和"液态模型"，确定稳定的土星环成分只有一种可能性：由数个可分离的部分（小固体碎片）聚集而成。

除了土星"带环"外，许多其他的行星和卫星也有环，明暗不一而已，统称"行星环"。刚才我们说：细看美丽的行星环，好像失去了美感。但实际上，在天文学家的眼中不是这样的，看得越清楚，就对它越着迷，他们看到的不是干瘪的石头，是美妙多变的"西施"。此外，如果你仔细地研究行星环的形成过程、运动规律，你更会被其中的物理及数学之美所震撼！越深入下去，便越体会到科学的无限趣味和理论之美。

行星环形成过程及能够稳定的原因中，便包括了趣味无穷的物理知识。

5.5.2　希尔球和洛希极限

宇宙中天体间最基本的长程作用力是万有引力和电磁力。

例如前面简单介绍过的太阳风和地球磁场间电磁力的互相抗衡。第四章中也介绍过几个引力效应，现在我们继续讨论一下引力。引力不像电磁力那样有吸引也有排斥，而是只有吸引。但整个宇宙中所有的物质却没有因为互相吸引而"塌缩"成一大团。一是因为宇宙中除了引力还有电磁力，二是因为各个天体形成之后，它们相互之间除了吸引还有运动。运动产生离心力，使它们相互位置变化，相互作用也变化。就像月亮因为其轨道运动产生的离心力平衡了引力而使它不会掉到地球上来的简单道理一样。换言之，电磁力及引力，这两个相互作用导致天体之间不停地进行着"战争"。每一个星星都利用引力吸引其他天体，似乎是企图吸引更小的天体来壮大自己。生物界的"大鱼吃小鱼、小鱼吃虾米"，在宇宙中则变成了"大星吞小星，小星吞石头；大星撞小星，小星变石头"。大大小小的天体在引力争夺战中互相接近、碰撞、破碎、分离，达到一个我们见到的所谓"平衡和谐"的宇宙图景。

天体力学中"希尔球"的概念，描述了这种短暂平衡下天体之间各自霸占的"势力范围"。

希尔球，以美国天文学家威廉·希尔（William Hill，1838—1914）命名，粗略来说，是环绕在某天体周围、能够被它所控制的空间区域（近似球形）。如图 19（a）所示的太阳系中日地关系为例，太阳因其在太阳系中具有最大质量有一个大大的希尔球，所有绕日旋转的行星轨道都应该在太阳的希尔球以内。每一个行星也有它自己的引力场范围，是它的引力与太阳的引力抗衡所争夺而得的"地盘"。比如说，地球能够保持月亮作为它的卫星，而不是太阳的卫星，月亮一定是在地球的希尔球以内。图19（a）中的实线代表引力等势面，因此，围绕每个天体的完整圆圈（实际上是三维空间中的球面），便基本代表了该天体的引力场所及的范围。

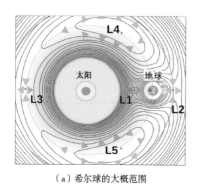 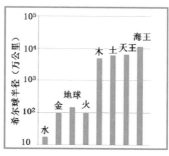

（a）希尔球的大概范围　　　　　　（b）八大行星的希尔球半径

图 19
希尔球

对每个行星而言，希尔球的大小与其质量相对太阳质量的比值有关，行星质量越大，它抢到的地盘当然越大，希尔球就越大。此外，离太阳的距离也是一个重要的因素。距离太阳越远的行星，太阳对它难以控制，它便趁机扩大势力范围，网罗了众多的卫星，组织大家族搞独立王国，可以如图19（b）表示的八大行星的希尔球半径证明上面的说法：4 个外围大行星的希尔球半径比里面 4 个的大了 2~3 个数量级：木星和土星的卫星数目都在 60 个以上，地球却只有一个孤零零的月亮；内圈行星没有环，外圈 4 大行星都带环。

希尔球有时也被称为洛希球，因为在这方面的最早工作来自法国天文学家艾伯特·洛希（Albert Roche，1820—1883）。洛希还有一个贡献：洛希瓣。在图 19（a）显示的太阳地球引力等势曲线中，有一个横着的 8 字形状便是洛希瓣。洛希的另一个著名成就是洛希极限，这个极限值与土星环的形成过程直接有关。

天体靠引力和潮汐力互相作用，主宰着天体的运动，包括平动、公转、自转等。行星周围经常有运动到它附近的陨石、小行星等天体，它们如果靠天体太近，会因为潮汐力而分崩离析成更小的部分。但什么距离算是"太近"呢？这个距离界限就叫作"洛希极限"。

当某物体逐渐向行星靠近，与行星的距离小于洛希极限时，这个物体各个部分聚集到一块儿的自身引力，抵挡不了行星对它各部分的不同引力效应，使得物体不能保持原有的形状而瓦解。小物体被撕裂成小块，这些更小的部分或微粒因为互相碰撞而具有不同的速度，最后被行星俘获绕其旋转形成行星环。

洛希描述了一种计算卫星被潮汐力扯碎的极限距离的方法，如果卫星与行星的距离小于洛希极限，便不能靠自身的引力保持原有的形状，会因潮汐力而瓦解。洛希的理论可以用来粗略地解释土星行星环的形成，见图 20，图（a）中，一个小物体被行星吸引而向行星方向运动；在图（b）时刻到达洛希极限；图（c）显示，小物体在行星强大潮汐力的作用下被撕碎成许多小块。然后，这些小块因为互相碰撞而具有不同的速度，最后大多数仍然被行星俘获而围绕行星转动形成行星环，如图（d）所示。

（a）物体在极限外　　（b）达到极限　　（c）物体碎裂　　（d）形成星环

图 20
用洛希极限解释行星环的形成过程

洛希极限值还有很多复杂的决定因素，比如构成卫星的物质材料，是固态物质为主还是液态物质为主，以及具体的密度分布如何等。这些因素也决定了环内"碎片"物体的大小。对一般常见的固态卫星而言，洛希极限大约是行星半径的 2.5 倍到 3 倍。因此，大多数的行星环都在洛希极限以内或靠近洛希极限，但并非绝对的，还与行星环形成的历史过程有关。比如，从图 21 中标示的土星环系统中，从离土星最近的 D 环，到最远的 E 环，洛希极限的位置大约在 F 环和 G 环之间，因此，土星的 G 环和 E 环都在洛希极限圈之外，其原因复杂。

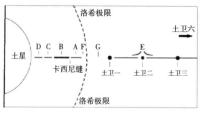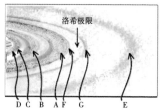

图 21
土星环和卫星系统

洛希极限说明了在一定的条件下，卫星将崩溃解体成碎片从而有可能形成行星环。然而，形成了行星环之后，尽管环中的碎片和冰块互相不停地碰撞，但是整个环却能够基本保持一个稳定的形状围绕行星旋转，为什么这些碎片不四处散开而能够长年累月地聚集在环中呢？这个问题可能很复杂，有可能不同的环有不同的答案。在对土星环的研究中，科学家们发现一个很奇特的现象：环的稳定性与附近某个（或两个）卫星的运动紧密联系、息息相关。

换言之，行星环看起来"稳定"的形态是与离它不远的某些卫星的运动有关的。天文学家将此类卫星叫作"守护卫星"，或"牧羊卫星"。它们充当着"环场指挥"的角色，像是放牧时奔跑于羊群周围负责警卫的牧羊犬，又像是带领一群孩子到野外郊游时维持次序避免小孩丢失的幼儿园老师。当环中某个"不守规矩"的物体企图冲到"环"外时，"牧羊卫星"可以利用自身的、相对而言较大的引力，将这个"顽皮分子"拉回到队伍中，十分有趣！

5.5.3 卡西尼－惠更斯号

物理学家惠更斯的名字大家听得多了，流传最广的应该是光学中的惠更斯原理，认为光是一种波动。实际上，荷兰物理学家克里斯蒂安·惠更斯（Christiaan Huygens，1629—1695）在天文观察中有不少重要发现，特别是他用自制望远镜观测土星，发现了土星最大的卫星土卫六（泰坦星），以及继伽利略发现土星有"耳朵"之后，第一次正确地用"圆盘形状"

来描述这个独特而美丽的光环。

法国天文学家多美尼科·卡西尼（Domenico Cassini，1625—1712）也勤于观察木星和土星。卡西尼与胡克同时第一次观察到木星表面的大红斑。对土星而言，卡西尼发现了土星四个较大的卫星，还将土星光环看得比惠更斯更清楚，发现土星光环不仅仅是个"圆盘"，盘中还有一条暗缝，后人以他的名字命名这条缝为"卡西尼缝"。

卡西尼和惠更斯的物理思想表现迥异。惠更斯首先是一名物理学家，从学习数学研究光学，到发明望远镜再用于观察天象而有所获，他与稍后的牛顿和莱布尼茨都有交往。卡西尼在物理思想上却是少见的保守，他不接受哥白尼的日心说，也反对开普勒定律及牛顿的万有引力定律。

然而，由于他们对观察土星的贡献，现代科学家将他们"绑在一起"，组成了一个卡西尼－惠更斯号，开启了野心勃勃的土星探测计划。

土星类似木星，没有固体表面可以供探测器登陆。土星厚厚的大气层，又妨碍用望远镜从地球上仔细观察它的表面形态。对这个距离地球比木星大约还远一倍的神秘天体，科学家们也知之不多，充满了困惑和疑问：土星环由何物构成？云层下面是个什么模样？有生命存在的可能性吗？

1997 年，卡西尼－惠更斯号土星探测器从美国佛罗里达升空，这是人类迄今为止发射的规模最大、复杂程度最高的行星探测器，多国合作，耗资巨大，设计十年，计划周密。升空之后走过了 7 年的漫漫长途，绕过金星、地球和木星，获得多次"引力助推"，方才于 2004 年 7 月到达土星周围。

卡西尼－惠更斯号外形庞大，携带了十几台科学仪器，加上燃料总质量超过 5700 千克，即使当前推力最大的火箭，也无法使其加速到能够直飞土星。如果考虑靠携带更多的燃料沿途加速达到 7 年内抵达火星的办法，仅仅燃料就得 70 吨，那样就更找不出火箭来推它上天了！这一次，自然又是行星间的"引力助推"为我们解决了问题，图 22 显示了科学家们为这个 5700 千克的庞然大物设计的"智慧轨道"，整个轨道利用了 4 次引力助推来加速航天器。

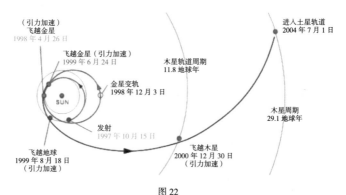

图 22
卡西尼－惠更斯号探测器飞向土星的轨道（图片来自美国宇航局）

这个探测计划由两部分组成：一旦到达土星轨道范围之后，惠更斯号探测器便与主轨道器卡西尼号分离，轨道器环绕土星及其卫星继续不断地绕圈，惠更斯号则冲向它"感兴趣"的土卫六，见图 23。

土卫六是土星最大的卫星，比水星还大，并且还拥有浓厚

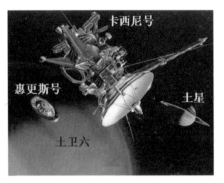

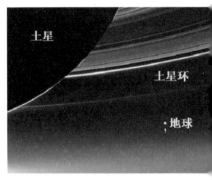

（a）惠更斯号与卡西尼号分离　　　　（b）卡西尼号在土星光环附近"回望"地球

图23
惠更斯号和卡西尼号的不同任务（图片来自美国宇航局）

的大气层。土卫六大气层的成分到底如何？与地球大气层有何异同？有无产生生命的条件？要回答这些谜中之谜，看来有必要派一个探测器"钻进"土卫六的大气层中，当然最好还能降落在它的表面上。虽然土星是个无法"登陆"的气体巨星球，但土卫六是应该可以登上去的。惠更斯在1655年发现了土星这颗最大的卫星，350年过去了，对它怎么能仍然一无所知呢？所以，人类派出了机器人探测器"惠更斯号"去完成这个光荣的使命。

2004年底，"卡西尼号"对准土卫六，抛出了一个圆圆的飞碟——惠更斯号探测器。惠更斯号不负众望，一个多月后，"飞碟"进入土卫六大气层，成功地在土卫六上实现了软着陆，成为第一艘在太阳系较外侧天体上着陆的飞船。惠更斯号着陆后"赶紧"与主航行器"联系"，进行了10分钟左右的"通话"之后，它在土卫六上大约总共"存活"了90分钟，最后终因电池耗尽而"牺牲"了。

接下去的十几年里,"卡西尼号"主探测器继续传回来有关土卫六以及土星北极的六边形风暴等的资料,它的红外相机向我们展现出土卫六表面朦胧的景色,它的能穿透烟 雾的雷达提供了更清晰的图像,它的离子和中子质谱仪发现了土卫六上有复杂的碳氢化合物、有机物的踪迹。当然卡西尼号也不会忘记"研究"土星最迷人的神秘光环,它"发现"土星环远远不是文人骚客们想象和描述的那么温柔安详,而是一个充满了变化和动态的世界。

之后,在2016年卡西尼号驶入了土星环,最后于2017年,卡西尼号潜入了土星的大气层自毁,结束了它的土星探测任务。

5.6 ▪ 火星

人类爱做梦,古人做梦嫦娥奔月,现代人做梦殖民火星。"奔月"表达了人类的好奇心和探索宇宙的美好愿望,"殖民"听起来就有点赤裸裸了,暴露了人类"征服"的欲望和贪婪的本性。也许可以说得好听一点,将"殖民"改成"移民",这后面一个词出于人类对地球未来命运的担忧。总而言之,"殖民火星"的正面意思是,地球人想为自己寻找另一个可以"移居"的家园,以防地球发生灾难时有地方逃生[6]。

5.6.1 地球未来的灾难

世界上没有万无一失的事情,虽然没有人能够真正预言所谓的"世界末日"，但地球发生毁灭性灾难的可能性也总是存在着。所谓天灾人祸，避开"人祸"不谈，从地球诞生到现在大约 46 亿年的时间，地球上生命所经历的自然灾难也不少，包括超级地震、火山爆发、洪水泛滥等等，其中有好几次毁灭性的，比如 6500 万年前的恐龙大灭绝。

地球灾难也是许多科学家致力研究的重点，每一个领域的科学家对于灾难的认识不一样，天文学家对此有些什么说法呢？

地球是太阳系的一员，它的生存依赖于太阳。恒星演化有其固有的周期，也有意料不到的情况。根据现代天文学的理论，太阳的温度在逐渐升高，50 亿年后会变成一颗红巨星。在这期间，太阳内部的物质以及周围的电磁场都处于剧烈的运动和变化中，也许会发生一些突发事件，引起地球意料不到的灾难，这是人类难以预料的。

比如说：携带着大量高速粒子流的"太阳风"，有可能完全破坏地球磁场，对人类形成致命的威胁；地球上有超级火山爆发以及大地震的可能性；宇宙空间中各种各样的天体，数百万颗小行星、彗星、流星、太空碎片等，是否会与地球相撞？此外，还有黑洞吞噬地球的可能性。还有可能存在的"外星人"，我们的地球是如此适合高等生物居住，人类是否有可能被外星人殖民？那么，与其被殖民，不如先考虑如何殖民别的星球。

所以，并不完全是杞人忧天，地球的确面临着各种可能的灾难。因此，物理学家霍金说："人类不应该将所有的鸡蛋都放在一个篮子里，或一个星球上。希望我们可以将篮子容量扩大后再将其扔掉。"既然人类现在已经有了一定的太空知识和航天能力，理所当然地应该考察一下移民地外星球的可能性。

5.6.2 寻找第二家园

哪些天体被人类考虑作为移民地的对象？太阳系之外的星球距离我们太远了，一下子去不了，人类发射的航天器中迄今为止飞得最远的旅行者1号才刚刚离开太阳系。所以我们暂时只能首先考虑太阳系内的天体。月亮离地球最近，当然位列第一，此外，在八大行星里寻找生命，凭位置就可以判断个八九不离十，首选是离地球最近的金星和火星，还有太阳系中行星的一些卫星，如土卫六、凯伦等。

要寻找适合人类生存的天体，有哪些要点需要考虑？一是距离太阳的距离，二是天体表面的温度，三是大气层的成分，其中有无氧气？大气层也决定了天体表面的气候。此外，还有一个颇为重要的因素，天体上有没有水？

事实上，根据最新天文探索的结果，太阳系中存在"水"的星球还是不少的。比如美国宇航局的航天器在水星和月球阴影下环形山的坑内均发现了水冰存在的迹象。但是，像地球这样在表面存在大量液态水的星球却不多。地球圈以内的行星离日太近，在太阳这个大火球的焚烧下，即使曾经有过水，也被逐渐蒸发掉了，比如离太阳最近的水星，它朝向太阳的一面，温度达到400摄氏度以上，锡、铅等金属都会熔化，水则变成了水蒸气，水星的体积很小，只和月亮相当，没有足够的引

第五章　太阳系大家庭

走近宇宙的现场

谈天说地

力将水蒸气聚集周围，大部分水蒸气都散发到宇宙中去了。而水星背向太阳的一面，长期不见阳光，温度在 –173 摄氏度以下，所以也不太可能有液态的水。

离太阳第二远的是金星。金星的结构和大小比较接近地球，因此有人称金星是地球的孪生姐妹，但实际上两个星球只是"貌合神离"的姐妹，因为它们的环境相差很大。金星表面温度很高（470 摄氏度左右），大气压力是地球的 90 倍，即使有少量液态水，也不会是一个适合人类生存的地方。

比地球离太阳更远的行星中，木星和土星是气态巨行星，更远的天王星海王星是冰巨行星，显然都不适合居住。这些行星的几个卫星，如木卫三、木卫二、木卫四、土卫二、土卫六以及几个小行星（比如谷神星），倒有可能存在冰下海洋等可居住条件，但还有待进一步的考察和探索。

说实话，地球虽然不是像"地心说"所宣称的宇宙中心，只是茫茫宇宙中的一颗"小尘埃"，但这个天体却自有它得天独厚之处。地球是一颗距离太阳不远不近、大小和质量都恰到好处的星球，就它离日的距离而言，可算是太阳系中唯一处于"可居住地带"的行星。而地球的质量大小使得它刚好能保存合适的大气层和大面积的海洋。如果地球质量太小，所有气态（或液态）物质都会飞离，只剩下坑坑洼洼的固态表面，类似月球。如果质量太大也不行，大气层会太厚且充满各种无用、有害的气体，现在的地球质量，恰好能吸引住大气层中如氮气、氧气和二氧化碳这类较重的气体，并与液态水海洋形成重要而必需的生化循环，促进生命繁衍，滋润万物生长。

金星和火星相比如何呢？金星的质量是地球的82％，火星是地球的11％。金星的重力是地球的90％，火星重力是地球的38％。初看起来金星似乎跟地球更接近，因此，美国和苏联20世纪50年代都将金星作为探测目标。苏联热情更高，有10个探测器在金星着陆。但后来发现金星的生存条件十分恶劣，金星表面的平均温度超过460摄氏度，比离太阳最近的水星还热。

所以，目前人类将"殖民星球"的目标指向火星。虽然目前我们没有在火星上发现任何生命，但有的科学家认为火星历史上很可能有过生命。人们最初用望远镜观察火星的时候，看到很多纹路，像是河道或"运河"一类的地貌。

火星最有吸引力的一点是上面有水。在火星的南北极，就有大量的固态水：巨大的冰块与干冰（固态二氧化碳）混杂的冰盖。此外，在火星的地下很可能还有液态盐水，也可能有巨大的液态卤水湖。因此，火星上有可能存在生命？

为什么我们不首先考虑移民到月球上去呢？月球的优势是离地球最近，能够最快到达，但它毕竟是一颗依赖于地球的卫星。月亮与地球的命运息息相关，当地球发生灾难的时候，月亮恐怕也难以生存。再则，月球的质量太小，靠它自身的引力不足以拥有大气层和足够的自给自足的水分及其他资源。要想在月亮上生活，几乎所需要的一切都必须从地球上供给。因此，月球顶多只能作为一个"中转站"或"基地"，而不是移民的目标。

比较起来，还是火星的环境与地球比较接近，我们用数字来说明问题。火星是地球的弟弟，它的直径只约为地球的一半，见图 24（a），自转周期为 24 小时 37 分，只比地球的多一点点。因此，1 个火星日只比 1 个地球日长 41 分 19 秒。当然，火星和地球的公转周期是不一样的，行星绕太阳的周期 T 与它离太阳的距离 a 有关系（a^3 正比于 T^2），因为转动的离心力需要与引力相平衡。火星离太阳的距离大约是日地距离的 1.5 倍，可得 1 火星年（公转周期）约等于 1.88 地球年。火星的自转轴相对于公转轨道平面的倾斜角度约为 25.19 度，也与地球的相当。自转轴倾角决定了一年中四季的变化，使得火星有类似地球的四季交替，但是因为火星绕太阳公转周期是地球的 1.88 倍，所以火星上四季的每一个季度，长度都大约为地球一季的 1.88 倍。地球人活了将近 2 岁，火星人才活了 1 岁。

（a）地球和火星大小比较　　　　（b）海盗 1 号登陆器所摄地景

图 24
火星是太阳系中与地球最类似的星系

另外，火星的公转轨道偏心率为 0.093，比地球的 0.017

大很多。也就是说，火星轨道是一个更扁的椭圆，近日点和远日点相差更大，这使得一年四季中各季节的长度不一致。自转轴倾角和轨道离心率的长期变化比地球的大很多，由此而造成了气候的长期变迁，火星表面的平均温度比地球低 30 摄氏度以上（人类移民过去要准备挨冻了）。再则，火星比地球小很多，质量只有地球的 1/9，引力太小"抓不住"如地球那么多的大气，但还总算有一个既稀薄又寒冷，以二氧化碳为主的大气层。火星的质量小，重力只有地球上重力的 30%，所以，你在火星上跳来跳去要容易多了。此外，火星有两个形状不规则的、比月球小很多的天然卫星：火卫一和火卫二。它们的最长直径各为 27 千米和 16 千米，月球直径是 3483.36 千米。

5.6.3　探索火星的秘密

不管移民还是不移民，探索火星都是必要的。相比于其他太阳系内的星球，火星更具有科学探索价值和条件。金星的条件太过恶劣，基本不可能有生命存在，通过探测它来搞清一些重大科学问题，技术难度也比较大，而探测火星对人类了解地球会有帮助。比如为什么同在太阳系，各个行星演化的结果却有所不同？我们通过对其他天体的探测考察，能够找到更多与地球有关的答案。

火星给人类的第一印象是一颗通红而又亮丽的星。中国古人以为它的表面一定是火热火热的，因而将它以"火"命名，西方人以为那上面正在发生火热的战争，将其以战神命名。但实际上火星呈现红色的原因不是因为温度，而是因为火星表面有大量的氧化铁沙尘，也就是通常我们看到的铁锈的颜色。火星的岩石中含有较多的铁质，火星上干燥的气候使岩石风化，铁锈飞扬，发展成覆盖全球的红色沙尘暴，在地球人眼中呈现出红色的面貌。

这颗火红的星球对人类有一种特殊的吸引力。人类从 1600 年代开始使用望远镜对火星进行观测。随着观测技术的进步，人类对火星表面"看"得越来越清楚了，见图 25。

特别是每隔 26 个月，地球与火星之间的距离出现最小值，那时的太阳、地球、火星排列成一条直线，称为火星"冲日"现象。这恰好为人类提供一个能够很好观察火星的时间窗口。

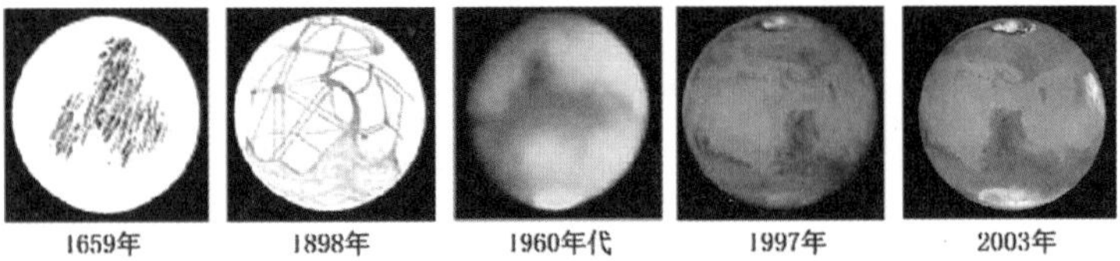

1659年　　1898年　　1960年代　　1997年　　2003年

图 25
人类对火星表面认知的历史变迁

航天时代来临，人类航天的目标首先指向月球，那是因为月球更近。除了月球便轮到火星了！几十年的航天史中，人类早就已经试图向火星发射探测器。火箭先驱冯·布劳恩在 1948 年的《火星计划》一书中就设想用 1000 支三节火箭建立一个包含 10 艘太空船的船队。船队可以运载 70 个太空人到火星执行任务。苏联和美国除了登月竞赛之外，火星也是一大目标，但这条路上充满坎坷，大约三分之二的火星探测器，特别是苏联早期（从 1960 年开始到 20 世纪 70 年代）发射的探测器，都没有成功地完成使命而失败了。不过，到目前为止，仍然已有超过 30 枚探测器到达过火星并发回了大量宝贵的资料。

美国的水手 4 号探测器于 1964 年 12 月 28 日发射升空，是有史以来第一枚成功到达火星并发回数据的探测器。美国宇航局 2011 年发射的好奇号火星探测车，2012 年降落在火星上，现在已经辛苦地工作了 3000 多天，发回大量有用数据。

目前，美国航天局的专家们认为已经有确凿的证据表明，足够的液态水曾经（30 多亿年前）形成一片海洋，长期存在于火星的表面，几乎覆盖火星北半球一半的地表。据说好奇号发现了一片远古河床，表明火星上曾经有过适宜生命生存的环境。可是后来不知什么原因，这颗行星逐渐干涸，目前发现有一部分水留在了火星极冠和地表以下。航天探测器的雷达资料显示，火星两极和中纬度地表下存在大量的水冰，并观察到类似地下水涌出的现象。有消息说，探测器首次在火星大气中捕捉到了氧原子存在的证据。

远古的火星存在海洋！这是个十分有趣的消息。看起来，在遥远的古代，地球上还没有高等生物之前，火星上却存在大量的液态水。那时的火星可能不是红色的，而是绿色的或蓝色的，类似于地球现在的样子！我们不妨进一步来点文学的想象，实际上不少科幻作品早就已经想到了：那时候的火星上可能存在一个高度发达的"火星人文明社会"。发达到了什么程度呢？恐怕已经超过了或相当于人类现在的水平，恐怕已经具有了"殖民地球"的能力，正在准备改造地球，考虑大规模移

第五章　太阳系大家庭

走近宇宙的现场

谈天说地

民的过程中！然后，突然有一天发生了大事，出现了当时发达的火星人也控制不了的火星大灾难。于是，火星上的生物灭绝、洪水泛滥、天体震荡、地貌改观，火星成为一个无法居住的星球，所幸当初已经有少量火星人移居了，他们的命运如何呢？那就凭你的想象力任意驰骋了……

图26是好奇号在火星上拍摄的照片。图26（a）是好奇号的"自拍像"：一个结构颇为复杂而又"好奇"的航天器，悠然漫步在火星的红色荒漠中。图26（b）则呈现了火星上见到的太阳景象，落日时的画面虽然简单，可其中也蕴藏着不少的物理原理。

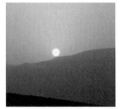

（a）好奇号在火星上自拍的照片　　（b）好奇号拍的火星
　　　　　　　　　　　　　　　　　地平线上的太阳

图26
好奇号拍摄的火星

火星天空上的太阳要比地球上所见的更小，光线更暗淡，这两点容易理解，因为火星离太阳比地球更远，大约是日地距离的 1.5 倍。越远的光源看起来越小越暗淡，这是常识。但是，我们在地球上看到的夕阳，会将天际染红，怎么在火星上的落日以及周围天空，却都变成了淡蓝色的呢？其原因也是和铁锈为主的沙尘有关系。尘埃充斥于火星的大气层中，红光与黄光容易被这些尘土散射或吸收掉，而蓝光则能更有效地穿过火星大气层到达航天器的摄影镜头，因而使我们见识了一个与地球上看到的不一样的"蓝色太阳"。

总之，随着人类技术的不断进步，火星的秘密正在被逐步揭开。它现在的状态与地球有相似之处，也有许多不同点，要想移民火星，还得将它改造成一个更类似于地球、适合人类居住的环境，这是一个长远而艰难的目标[7]。

第六章
太空竞争

"今人不见古时月，今月曾经照古人。"——唐·李白

6.1 ▪ 美苏冷战期

第二次世界大战结束后，美苏两国俘获了大量德国火箭技术及人员，以导弹为主的核军备及太空竞赛就拉开了帷幕。技术优势不仅能带来至高无上的地位，还是保障国家安全的需要，也是意识形态先进的象征。

那些年美苏两国的太空大战，开始是人造卫星，接着是载人航天、登月。两国的基本技术都是源于从战火中飞出的 V2 导弹。双强亮剑，故事多多……

美国的"回形针"行动与苏联"面包换人"的计划都是为了俘获德国火箭技术及人员。苏军原本在最后的德国战场上占尽先机，但对 V2，只捡到一点"残羹剩饭"，据说有一个叫科罗廖夫的副所长，是全面负责技术工作的，最后被提拔担当重任。苏联也俘获了一批 V2 专家，他们工作了一两年之后，终于把 V2 发射成功了。这时候，苏联觉得留下德国人碍事，有里通外国成为间谍的可能，于是，便将他们全数送回了德国。

却说在美国这边，根据约定，冯·布劳恩等一百多名 V2 专家们工作 1 年之后便应该是来去自由，但实际上他们绝大多数都留了下来，后来为美国航天事业作出了不朽的贡献。

苏联 R–7 和美国宇宙神都是在 V2 基础上改进的，推力和射程大大增加，于是，到了 20 世纪 50 年代末，苏联和美国都有了核武器，也有了能够将它们互相送到对方家里（本土）去的洲际导弹。"北极熊"和"老鹰"谁也不怕谁了！两方的科学家想起了儿时的梦想，飞到太空去！

这也迎合了两方政治家们的野心。不但显示国力，也应该还有真正的用途。苏联人善于保守秘密，美国人大而化之，并且由此而小看了苏联，自以为是，总以为自己在最前沿。

1957 年，苏联宣布发射了第一颗人造卫星，由此拉开了美苏太空竞赛的帷幕。美国人 4 个月后也成功地发射了人造卫星。第一颗人造卫星看起来都只像是个简单玩具，关键设备是能够将它们加速到第一宇宙速度（7.9 千米 / 秒），推上"天"去的运载火箭。人造卫星小巧玲珑，运载火箭却都是庞然大物，二者分别由两方的首席火箭专家科罗廖夫和布劳恩设计。

科罗廖夫

布劳恩

图 1
美苏争霸时期两大名将

　　著名的火箭专家，32 岁的布劳恩被送到美国后，如鱼得水，开始了他的飞天梦。

　　布劳恩早年在德国的老师是奥伯特，他在航天理论和实践上都作了不少杰出贡献，奥伯特活得长，直到 1989 年 95 岁高龄才去世，见证了美国的土星五号运载火箭发射以及阿波罗登月的伟大进程。

　　美国专家中还有位老前辈罗伯特·戈达德。尽管他并不为公众所熟知，也没有得到二战后美国政府的资助，但他从 1914 年就开始致力于开发固体燃料火箭，1921 年他又开始开发液体火箭。冯·布劳恩研制 V2 火箭时就受到了戈达德的启发，以至于后来当他的美国程序员向他汇报工作时，布劳恩迷惑地问他们："为什么不直接问戈达德博士？"

　　冯·布劳恩和他的团队在 1945 年被遣送到新墨西哥州的美军白沙导弹靶场。他们着手组装布劳恩设计、被美军俘获的 V2 系列火箭，开始发射项目并指导美国工程师进行操作。1949 年，这些试验火箭带回了外太空的图片，并诞生了由 V2

改进的两级火箭。1950年，布劳恩的团队转移到亚拉巴马州的亨茨维尔。在这里，布劳恩和他的团队开发了首个中程弹道导弹——PGM-11红石导弹，之后的改良版本可以发射美国首个卫星，成为了后来的木星火箭和土星火箭家族的基础。

苏联航天的设计师是科罗廖夫，但这个名字却常年不为人所知。例如，诺贝尔奖委员会曾有意为第一颗人造卫星颁奖，问到谁是设计研制者，赫鲁晓夫说："是全体苏联人民！"诺贝尔奖当然不发给如此巨大的集体。

6.2 ▪ 洲际导弹和人造卫星

在V2导弹基础上改进的苏联R-7和美国宇宙神，推力和射程比起V2导弹都大大增加，见图2。

苏联在航天方面一度领先美国。1957年，苏联宣布发射了第一颗人造卫星"斯普特尼克1号"，造成美国媒体对白宫一片嘲讽，科技界人士沮丧，老百姓有些惊慌，美国股票市场遭受重创，道琼斯指数大跌，三周内跌幅近10%。不过，这消息也激起了美国决策人员的重视和警惕，并改进了诸多科技方面的措施。

图2
德、苏、美早期导弹（火箭）技术比较

1958 年，美国成立了国家航空航天局（NASA），正式开启了一系列的航天计划；美国人开始重视教育，科学界也意外地获得了大量研究资金。由此拉开了美苏太空竞赛的帷幕。

斯普特尼克 1 号
（58 厘米）
（83.6 千克）

探险者一号
（16.5 厘米）直径
（2.05 米）长（13.9 千克）

先锋一号
（16.4 厘米）
（1.5 千克）

东方红一号
173千克

长征一号火箭

（a）苏联 1957 年 10 月发射世界第一颗人造地球卫星

（b）美国的人造地球卫星晚了 4 个月

（c）中国人造地球卫星发射于 1970 年

图 3
苏联、美国、中国的人造地球卫星比较

美国人不甘示弱，在 4 个月后，便也成功地发射了人造地球卫星"探险者 1 号"。

6.3 ▪ 载人航天

紧接着，苏联又做出了一系列第一名，使社会主义阵营脸面增光。1957 年，小狗莱伊卡进入太空；1959 年苏联发射月球 1 号；1961 年，加加林首次进入太空，乘坐飞船，绕地球一圈，逗留了 108 分钟并返回地球。他身穿橘红色宇宙服，个头不高，157 厘米，挑选小个头的加加林是科罗廖夫精心考虑的，以便更为容易被塞进空间有限的飞船中。

赫鲁晓夫在电话旁守候了一个多小时，听到铃声后抓起电话，第一句话是："先告诉我，他是否活着？"听见了肯定的答案，赫鲁晓夫心中的石头落地。

加加林依然活着，概率非常小。太空之行中险象环生，他的飞船呼啸翻滚着降落在离预计目标400千米的草原上，将地面撞出了一个大坑！他从飞船中被弹射出来后，撑着降落伞平稳地落在了一块软绵绵的耕地上。他站起来，凭直觉认出了这儿仍是苏联的领土。根据预先设置的命令，降落在敌国得引爆炸弹"光荣牺牲"，

（a）小狗莱伊卡进入太空

（d）加加林

（b）斯普特尼克1号

（c）苏联发射月球1号

图4
苏联创造许多第一名

避免"叛逃"嫌疑。奇装异服的加加林吓坏了在耕地上劳动的母女。后来,他被授予"苏联英雄"的称号,连升两级成为少校。

满面笑容的苏联人加加林代表人类,第一次离开了"摇篮"!三星期之后,美国也用水星号将第一个美国人送上了太空,但终究又一次错失了第一名。

在这些为人类登月进行准备的航天活动中,苏联都走在了美国的前面,可惜好景不长,十年岁月河东河西,20 世纪 60 年代至 70 年代的阿波罗计划,为美国打了一个翻身仗。

6.4 ▪ 准备登月

奔月飞天、太空漫步,这些词听起来浪漫而美妙!科学技术上实现起来却是难上加难。将人送到太空、送到月球、再到其他星球,即"载人航天",是一个史无前例的伟大事业,其中要考虑许多因素。人类梦想"登月",却不可能一步登天。饭要一口一口地吃,登月之路也得一步一步地走。

一般认为登陆月球有三种方案。一是直接登月,即用大型火箭把载有航天员的航天器直接发射到月球表面,完成任务之后,航天器又从月球返回地球。第二种叫作"地球轨道交会",意思是用较小型的火箭将登月航天器的不同部分送入地球轨道,在地球轨道上进行交会对接后再往月球,然后返回。

直接登月的方案是一步到位，似乎简单但不太保险，听起来像是"发射炮弹"，并需要巨型运载火箭。第二种的优越性是可以使用推力较小的火箭，但在地球轨道上"交会"并没有经验，不知道成功的概率有多大，第三种"月球轨道交会"方案胜出。

苏联了解美国双子座计划，匆忙制定了一个"上升号"计划。赫鲁晓夫以及科技界，都太在乎要先于美国抢到第一。时间紧迫，科罗廖夫改进东方号成两人飞船。刚改装完成，赫鲁晓夫别出心裁，要装3个人。美国人的飞船坐两个人，那我们就在人数上超过他们！赫鲁晓夫要求在1964年国庆之前把3人送入地球轨道并让航天员冒险不穿臃肿的舱外活动航天服。上升1号于1964年10月12日升空，在地球轨道上绕地16圈，在太空飞行24小时17分返回地面，所幸没有发生事故，为苏联争得"载多人太空飞行"第一名。有意思的是，当上升1号返回地球那天，苏联的政局发生变化，勃列日涅夫政变。

科马诺夫（1927—1967）是领航员，也是工程师和医生。他是第一位因载人太空船罹难的太空人。不是这次，是1967年的联盟1号。任务前两次，无人飞船失败，还发生了一次联盟号火箭在发射台上爆炸的事故，已知飞船故障多多，但领导人基于政治因素要在1967年5月1日（劳动节）前送人上天。1967年4月，联盟1号强行发射后坠毁，科马诺夫罹难。

走近宇宙的现场

谈天说地

6.5 ▪ 太空漫步

苏联列昂诺夫是太空漫步第一人，由于准备工作不很充分，使得列昂诺夫的太空行走成为一场"太空惊魂"。他走出舱的这一步，惊心动魄、险象环生。

1965年3月18日，上升2号飞船一起飞就不顺畅，预计进入的轨道距地球是300千米，那天的运载火箭推力似乎过大，将飞船推到了500千米的高度。进入预定轨道后，列昂诺夫通过气闸舱出舱，他身穿航天服，从舱口伸出了戴着头盔的脑袋和肩膀。事后据列昂诺夫回忆说，当时"我轻推了一下舱盖，整个身体就呼的一下弹出去了，完全不由自主，就像一个水瓶上的软木塞一样冲出了舱口"。还好他身上预先系了一根5.35米长、与飞船相连的绳链，也冲不到哪里去！不过，他面对茫茫太空的惊吓无助的心情却可想而知。之后，他看到脚下像个大大的地球仪似的蓝色星球，感觉良好，兴奋地欣赏着，难掩激动之情。

人类首次太空漫步通过电视直播方式传遍了苏联乃至世界。苏联又一次创造了新的第一。据说当时在电视机前观看的观众们看见列昂诺夫冲出舱门后在太空"翻了几个跟斗"，还以为他是在快活无比地表演。但实际上他的身体随着飞船的旋转而快速旋转，完全是自己无法控制的动作。这让列昂诺夫紧张出汗，心率失常，匆匆结束太空行走。但在回舱时，由于太空真空的作用，列昂诺夫身上的航天服鼓胀成了一个直径 190 厘米的大气球，使得他怎么也进不了 120 厘米的舱门，只好高声大叫"我来不及了！我回不去了！"还好在危急的最后关头，这位久经训练的航天员突然想起了以前教练曾经指出航天服的腰部设有四个释放空气的按钮，这个方法才终于让航天服瘪了下来，列昂诺夫得以进入舱内。十分钟的太空行走，以及为了挤进舱门与航天服搏斗了 12 分钟，列昂诺夫大汗淋漓，心率达到每分钟 190 次，靴子里积聚了 6 升汗水。

飞船返航时也是险象环生，飞船自动导航定位系统发生了故障，两名航天员由于氧气浓度过高而中毒已经接近晕厥。飞船呼啸着落在了偏离预定点几千千米的原始森林深处。两位航天员在暴风雪中爬出舱门，在白雪皑皑的茫茫林海发出呼救信号……两天后，据说是一位苏联业余无线电爱好者收到信号，

图 5
列昂诺夫

正满世界搜寻的回收人员才终于找到了他们。当年太空惊魂的列昂诺夫活到 85 岁高龄去世。

在苏联之后不久，美国也实现了第一次太空行走。1965年 6 月 3 日，美国发射载有航天员麦克迪维特上尉和怀特上尉的"双子星座" 4 号飞船，绕地球飞行 62 圈。怀特到舱外行走 21 分钟，用喷气装置使自己在太空中机动飞行。双子座飞船舱门足够大，不需要担心被卡住。但当他从双子座 4 号飞船外准

备返回时，却发现飞船的舱门怎么也关不上了。就在怀特费尽九牛二虎之力关舱门之时，麦克迪维特接到地面控制中心的命令，必要时放弃轨道舱和怀特，独自驾船返回地球。好在怀特最终克服真空冷焊，成功关闭舱门，救了自己一命。怀特躲过一劫，但他并不走运，一年半之后，因为阿波罗一号指令舱发生火灾，他和另外两名航天员被烧死在地面。

为人类探索太空而牺牲的英雄们永垂不朽！

6.6 ▪ 空间站

在美苏太空竞争中，苏联还有鲜为人知的"第一名"，就是建立了第一个"空间站"。空间站也可以说是美苏太空竞争为人类留下的宝贵遗产。地球上有城市有房屋，供人们生活和工作。想象人们离开地球摇篮后的第一站，该住在哪儿呢？首先需要打造"太空小屋"吧。

实际上，航天先驱们早就有了对空间站的描述和梦想。齐奥尔柯夫斯基和奥伯格都有过设想。1929 年赫尔曼·波托奇尼克（Herman Potočnik，1892—1929）的著作《太空旅行的问题》（*The Problem of Space Travel*）出版并风靡了 30 多年。第一个早期空间站（1929 年）设计为旋转轮形式。旋轮太空站借由旋转产生人工重力。离心力会把物体压在轮内部的外缘，给予类似重力的加速度。齐奥尔科夫斯基在 1903 年描述了利用旋转在太空中制造人工重力。赫尔曼·波托奇尼克在他的书中介绍了一种直径 30 米的旋轮站,甚至建议把它放在地球静止轨道上。

20 世纪 50 年代,布劳恩也建议将其作为前往火星的基地飞船。他们设想了一个直径 76 米、有三甲板的旋轮,以每分钟 3 转制造 1/3 倍人工重力,预计有 80 名船员。

苏联最初在竞赛中领先,但后来登月失利,眼睁睁看着美国一次次登月插旗扬威,自家 N1 登月火箭却屡屡爆炸,只好另外开辟赛场,借助发射空间站来抢占"第一"。火箭完成登月任务不足,发射绕地轨道的航天器还是绰绰有余的。于是,从 1971 年到 1982 年 11 年间,苏联接二连三放"礼炮",发射了七八个空间站,此外还有军事用途的空间站。不幸的是礼炮 1 号在返回时因阀门故障造成座舱失压,致使三名航天员全部窒息死亡。

苏联 1986 年发射了他们引以为傲的(模块化的)和平号空间站,一直服役至 2001 年。其间有包括美国在内的许多国家的航天员拜访过这个空间站。空间站为何要"退役"呢?并且一般都是让它坠落到地球大气层烧毁,因为数年后材料老化功能丧失,漏气缺氧无法工作就没有用处了。

按航天先驱的办法,最好是首先建造空间站。然而因为苏联赢得了首轮比赛,加加林对全世界招手的微笑,刺激了美国人的神经。于是美国就跨过空间站计划,直接登月了。

阿姆斯特朗踏上月球后,1969 年美国宇航局开始考虑建造空间站,曾经计划过太空基地(Space Base)、天空实验室等。1998 年 11 月，国际空间站的第一个部件发射升空，随后陆续发射的模块对其逐渐进行扩充。目前由 16 个国家合作运转，自 2000 年 11 月之后，国际空间站上就保持至少三名乘员至今。

中国于 2011 年天宫一号发射升空，2021 年 4 月 29 日中国空间站天和核心舱发射升空。目前在轨的空间站只有两个：国际空间站和中国空间站。国际空间站已经在轨 20 多年，计划顶多运行到 2028—2030 年，届时或许只有中国空间站在轨了。

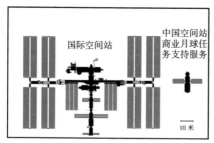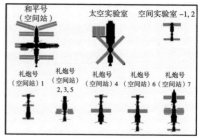

图 6
空间站大小比较

目前为止，人类的全部空间站都是建造在地球卫星轨道上。暂时还没有月球轨道上的，也没有如先驱们所设想的那种"旋轮"式的。

目前为止的空间站基本用于研究目的，进行了许多太空条件对人体健康的影响，包括对失重的研究。此外还有关于医药、地质和天文等方面的科学实验。居住性未达到标准。主要是空间小、高辐射和失重等问题。在其中生活的航天员面临着身体不适、心理障碍和长期健康问题的挑战。例如辐射：地球的生物受到地球磁场的保护免受太阳风的伤害，但空间站得受太阳辐射。长期在失重环境下生活会让航天员面临肌肉流失和骨钙质流失的问题。

旋轮的目的是产生"人造重力"。理论上可以说得通，技术实现的问题很多：1.制造及发射成本惊人；2.直径过小，导致人头和脚的"重力"不同，潮汐力产生眩晕感；3.人体移动对整个空间站的影响。

科罗廖夫在世时，据说苏联1965年已经完成了（制造）人造重力旋轮空间站，等待发射了，但被之后突发的一系列事件耽误，后来科罗廖夫去世，火箭失败，一切都烟消云散。

美国一家太空建筑公司日前宣布，将于2025年开始，在近地球轨道动工兴建世界第一家太空酒店，酒店将设有主题餐厅、电影院、水疗中心与容纳多达400人的房间，预计最快2027年就能开始营运。大家拭目以待。

6.7 ▪ 美国人登月

苏美太空竞争互相过招打来打去，其结果也对人类航天事业作出非凡贡献。尽管苏联人最后没有成功登月，但他们早期的无人探月任务对月球探测所做的努力也不容小觑。

1958年，探月计划刚开始时，美苏都遭受多次失败。美国第一个发射月球探测器——先驱者0号（1958年8月17日）

但爆炸了，探测任务失败。

苏联人在美国人经历挫折1个月之后才做出第一次尝试（1958年9月23日，探测器未命名），同样也失败了。

1959年，苏联成功地相继发射了月球1号、2号、3号无人探测器。虽然1号与月亮失之交臂，但2号却成功地击中了月球，在月面上撞了一个大坑，成为第一个从地面上被人为地"抛"到了另一个天体上的人造物体。

月球3号则第一次绕到月球背后拍摄到了（29张）70%的月球背面的照片，让人类第一次大开眼界，看到了从未见过的月亮"后脑勺"。不久后，苏联和美国都实现了载人飞船发射及太空行走。

2018年12月8日，中国宣布嫦娥四号探测器成功登月，实现了人类探测器对月球背面的首访。到月球背面的困难之一是通信，电波被挡住了，需在地月的拉格朗日L2点建立中继站（拉格朗日点将在9.4.2中介绍）。

苏联东方计划的目的还基本上是以科学为主。而到了"上升号计划"的两次飞行，主要目的变成了抢第一。尽管成功了，但对科技却造成不少负面影响。上升号飞船在太空的诸多不顺利，不仅让身历其境的航天员心跳加速，还使得原来就有严重心脏病的科罗廖夫病入膏肓。

1966年，科罗廖夫在一次手术中不幸去世，给苏联登月计划造成沉重而致命的打击。另一方面，美国"双子座计划"成就卓越。双子座飞船由加拿大设计师吉姆·张伯伦设计，它不是像苏联那样，由东方号飞船改造的，而是考虑了新计划的各种技术要求而重新建造。

双子座计划在轨道交会和对接（将两个航天器会合连成一个整体）上取得很大成功。交会对接过程分 4 个阶段：地面导引，自动寻的，接近停靠，对接合拢。航天器的交会过程很不简单，需要一整套计算机程序控制系统。

双子星计划共进行了 10 次载人飞行以及更多次数的无人飞行。实施了多次太空行走、交会、变轨、机动、对接等载人登月的关键技术，为阿波罗计划铺平了道路。双子星计划 1966 年结束时，美国在载人航天方面，已经毫无疑问地全面超过苏联。

1969 年 7 月 20 日，阿波罗 11 号成功着陆月球，阿姆斯特朗在月球表面留下了人类的第一个脚印，奥尔德林随后跟上。有趣的是，在登月舱出发之前，休斯敦地面指挥中心的通信员与三位航天员间有一段极有意思的对话。通信员说："请注意一位名叫嫦娥的可爱的中国姑娘，她带着一只大兔子，已经在那里住了 4000 年！"航天员随口回答："好的，我们会密切关注这位中国兔女郎。"

苏联登月方案基本与阿波罗计划一样，也是采取"月球轨道交会"的办法。苏联为何没有登月，运载火箭是关键，都是V2 开始，差别是后来的细节。

美国人登月使用的是布劳恩等人设计的"土星 5 号"三级火箭，这是当时航天史上最大的火箭，高达 110.6 米，质量

3039 吨，有效载荷 45 吨。

科罗廖夫设计的 N1 火箭，其尺寸比土星 5 号稍小，但运载能力更大。

N1 使用了 30 台发动机，而土星五号只有 5 台。为什么 N1 要使用 30 台？N1 的第一级是基于一位年轻的设计师库兹涅佐夫设计的 NK–15 发动机。NK–15 使用了富氧燃烧技术，效率较高、推力有限。因此，科罗廖夫设计 N1 火箭时不得不并联了 30 台 NK–15 发动机。

美国的 5 台 F–1 煤油液氧发动机，便达到了足够的推力，最后运载着"阿波罗 11 号"成功地完成登月。使用 30 台发动机的 N1 自动控制系统非常复杂，增加了系统的不稳定性。科罗廖夫没有来得及看到 N1 火箭的失败就归天了。他得了癌症，劳累过度、心力衰竭，于 1966 年 1 月与世长辞，终年才 59 岁。1976 年苏联正式取消 N1 工程，没有足够运载力大型火箭，载人登月不可能。再后，随着 1991 年苏联解体，苏联航天事业几近停滞。比起土星五号，N1 虽然推力更大，但它只能将 95 吨的物体送入低地球轨道，而土星五号可以运送 130 吨物体。这是由于 N1 全箭都以煤油做燃料，而美国对氢氧燃料的研究起步早，使得土星五号设计时选用了比较成熟的氢氧发动机，以此获得了较高的效率。

美国的阿波罗 13 号是一次胜利的失败。它发射两天之后，服务舱的氧气罐爆炸，太空船严重毁损，失去大量氧气和电力。在太空中发生如此大的爆炸事故，人们以为再也见不到

阿波罗的轨道

阿波罗13号航天员：吉姆·洛威尔、杰克·斯威格特、弗莱德·海斯

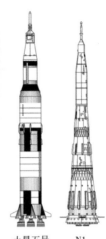

土星五号　　N1

图7
登月任务

执行这次任务的三位年轻人了。然而，三位太空人克服困难，与地面控制团队紧密配合，使用航天器的登月舱作为救生艇，成功返回地球，创造航天史上的奇迹，被称为一次"胜利的失败"。

阿波罗13号是在去月球的半途发生事故的。按常理来说，发生了爆炸应该尽快掉头返回地球。但是，直接掉头必须首先迫使飞船速度反向，这需要很大的推力。供给推力的服务推进系统正好位于发生事故的服务舱尾部，如果点火燃烧推进系统，很有可能再次引起爆炸。因此，指挥中心决定利用"自由返航轨道"返回地球。

所谓"自由返回轨道"的方法，指的是"借月球一臂之力"，充分利用月球引力的自然助推作用，来使得航天器转向返回。

在正常发射月球探测器时，也可以使用这种方法来节约燃料。月球探测器发射之后只需要在地月转移轨道时进行一次变轨，飞抵月球轨道后便能在月球的引力作用下绕过月球，再自动地返回地球。

阿波罗 13 号的情况与正常发射稍有不同，是一种应急处理。总之，三名航天员与地面控制人员紧密配合，最后选择了利用月球引力返航的方法。阿波罗 13 号使用登月舱的降落火箭，稍作机动变轨进入到"自由返回轨道"。然后，待登月舱绕过月球背面后，降落火箭被点燃，以加速登月舱返回地球的速度，最后顺利地进入地球轨道并安全返回地面。

6.8 ▪ 中国航天的崛起

美国实现了阿波罗登月之后，美苏冷战走向低谷，1991 年苏联解体，俄罗斯更无暇顾及航天。不过，至今几十年过去，世界各国都逐渐认识到了太空的重要性，正如美国太空政治学者多尔曼的断言："谁控制了绕地轨道，谁就控制了太空；谁控制了太空，谁就控制了陆地表面；谁控制了陆地表面，谁就能支配人类的命运。"所以，国际间太空竞争一直不断，几度风起云涌。近年来更是群起逐鹿，越来越多的国家研发航天技术，许多商业实体也进军太空领域。可喜的是，中国在几十年改革开放发展经济的同时，航天事业也稳步崛起，成就不凡。因此，我们在此简要总结一下中国航天的主要进展。

6.8.1 载人航天三步走

中国航天近 30 年来的主要突出成就是载人航天。中国从 1992 年开始决策实施载人航天工程，确定了"三步走"的发展战略。第一步，发射载人飞船，开展空间应用实验；第二步，突破航天员出舱活动及空间飞行器交会对接等关键技术；第三步，建造空间站。

从蓝图绘梦到奋斗圆梦，几代中国航天人用了整整三十年，几乎从零开始，短时间内突破掌握了载人航天的一系列关键核心技术，例如：出舱活动、交会对接、舱段转位、组装完成等，实现了中国人的飞天梦想，建成了自主建造、独立运行的"天宫"空间站。

世纪之初，2003 年 10 月 15 日，搭载了杨利伟的神舟五号载人飞船升空。首次载人飞行任务的圆满成功，被公认为是继东

图 8
中国首飞航天员杨利伟

方红一号卫星发射后中国航天史上的第二座"里程碑",使中国成为继苏联和美国之后第三个独立掌握载人航天能力的国家。

紧接着,2005年10月12日,神舟六号搭载费俊龙、聂海胜两名航天员升空。2008年9月25日,神舟七号搭载翟志刚、景海鹏、刘伯明三名航天员升空。2003年到2012年,用将近十年时间,先后执行神舟五号、六号、七号、九号4次载人飞行,以及神舟八号与天宫一号交会对接任务。不到一年中,又执行了长征七号、天宫二号、神舟十一号、天舟一号4次任务。目前,中国现役的所有第一、二批共16名航天员皆已全部进入过太空,自1999年神舟一号发射至今,中国载人航天工程已完成25次重大飞行任务,全部取得成功,并保持着航天员零伤亡的纪录。

天宫一号于2011年9月发射升空,此后分别与神舟八号、神舟九号、神舟十号3艘飞船6次交会对接,成为中国首个"太空之家"。2016年9月,天宫二号空间实验室在酒泉卫星发射中心发射成功,一个月之后,神舟十一号载人飞船在酒泉卫星发射中心点火升空。10月,神舟十一号飞船与天宫二号太空"牵手",自动交会对接成功,形成组合体并稳定运行,开展了较大规模的空间科学实验与技术试验。

2017年4月,中国首艘货运飞船天舟一号,在文昌航天发射场发射成功。天舟一号具有与天宫二号空间实验室交会对接、实施推进剂在轨补加、开展空间科学实验和技术试验等功能。

2020 年 5 月，长征五号 B 运载火箭首飞成功，2021 年 4 月，天和核心舱发射圆满成功，为空间站阶段飞行任务做好准备。

2021 年初，中国空间站建成。2022 年 11 月 29 日，航天员费俊龙 17 年后重返太空，邓清明、张陆首次飞天，他们在太空亲眼见证了空间站建成的时刻。

6.8.2 探索月球和火星

飞向月亮，是中国古人之梦，也是现代航天技术追求的目标。中国第一探月工程的主要任务皆以中国神话著名人物"嫦娥"命名，因而也被称为嫦娥工程。计划首先是发射绕月卫星，继而是发射无人探测装置，实现月面软着陆，最后再为机器人登陆月球后建立观测点。

至今，中国"嫦娥"们已经多次奔月。2007 年和 2010 年，分别发射了嫦娥一号和嫦娥二号。它们代表的是第一期"绕"月工程，即发射月球轨道器及硬着陆器，在距离月球表面两千千米的高度绕月飞行，进行月球全球探测。

2008 年启动的二期工程被称之为嫦娥"落"月：包括 2013 年发射的嫦娥三号携玉兔号、2018 年发射的嫦娥四号携玉兔二号。玉兔号和玉兔二号都是月球车，它们降落到月球表面，进行着陆区附近局部详细探测，还携带天文望远镜，可以从月亮上观测星空。特别是嫦娥四号，在月亮背面登陆，成为世界第一。

三期工程的嫦娥五号，是 2020 年发射的月球自动采样返回器。它降落到月球表面后，机械臂手将采集月球土壤和岩石样品送上返回器，返回器再将月球样品带回地球，开展相关研究。

2021 年启动的嫦娥六号、嫦娥七号、嫦娥八号，属于四期工程：将对月球进行多方面的综合探测，包括月球的地形地貌、物质成分、空间环境等。

探月之后，航天的任务自然是指向行星。中国行星探测任务的名字是"天问"，以火星作为首个目标，于 2016 年 1 月 11 日正式立项启动。

2020 年 7 月 23 日，包括轨道器、着陆器与巡视器的天问一号用长征五号火箭从海南文昌航天发射场发射，准备一次性完成绕火、落火、巡火三阶段任务。2021 年 2 月 10 日，天问一号顺利实施近火制动，成功进入环火轨道，成为中国第一颗人造火星卫星。北京时间 5 月 15 日 7 时 18 分，天问一号着陆器携带祝融号火星车成功着陆于火星乌托邦平原南部预选着陆区，中国成为第二个完全成功着陆火星的国家。

6.8.3 卫星和望远镜

2016 年 8 月 16 日，中国在酒泉卫星发射中心成功将世界首颗量子科学实验卫星（简称"量子卫星"，名为墨子号）发射升空。此次发射任务的圆满成功，使中国在世界上首次实现了卫星和地面之间的量子通信，构建了天地一体化的量子保密通信，并有利于对量子纠缠现象等量子基础科学理论进行实验研究。

2016年4月，中国首颗微重力返回式科学实验卫星"实践十号"升空，进入预定轨道。这是中国首批科学实验卫星中唯一的返回式卫星，将利用太空中微重力等特殊环境完成19项科学实验，涉及微重力流体物理、微重力燃烧、空间材料科学、空间辐射效应、重力生物效应、空间生物技术六大领域。

中国的暗物质粒子探测卫星"悟空"，是中国第一个太空望远镜。这位"火眼金睛"的"传奇英雄"，在腾空700多天后，于2017年11月27日，宣布有了重大发现："悟空"获得了目前国际上最精确的TeV电子宇宙射线能谱，并首次直接测量到了该能谱在1TeV（1万亿电子伏特）处的拐折。这一疑似暗物质的踪迹，是近年来科学家离暗物质最近的一次重大发现，将打开人类观测宇宙的一扇新窗口。

中国在射电望远镜方面的成果也令世界瞩目。500米口径球面射电望远镜（简称FAST）又被称为"中国天眼"，是中国科学院国家天文台建于贵州省黔南州平塘县大窝凼的一座射电望远镜，其落成后至今仍是为世界上最大的单孔径望远镜。

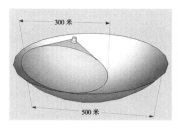

图9
500米口径球面射电望远镜（FAST）

FAST 主体工程于 2011 年开工，2016 年落成，9 月，FAST 开始接收来自宇宙深处的电磁波，进入试运行、调试阶段。

2017 年 10 月 10 日，FAST 团队在京举行发布会表示，"中国天眼"探测到优质脉冲星候选体达数十个，其中目前已通过系统认证的脉冲星达 6 颗。

2021 年 4 月 1 日起，FAST 对全球科学界开放。2022 年 3 月，观测到宇宙极端爆炸起源证据，2022 年中后期，FAST 对致密星系群"斯蒂芬五重星系"及周围天区的氢原子气体进行了成像观测，发现了 1 个尺度大约为两百万光年的巨大原子气体系统，这是至发现时为止在宇宙中探测到的最大的原子气体系统。这些成果已在国际学术期刊《自然》杂志发表。

"金河一去路千千，欲到天边更有天。"

——《敦煌曲》

第二篇

天外有天

PART 2

宇宙逍遥

谈天说地

第七章
我们的星系

"天河夜转漂回星，银浦流云学水声。"——唐·李贺

夏夜晴空，银河高悬，中国古人称其为"天河"，西方人美其名曰"牛奶路"。茫茫夜空中它烟波浩渺的景象引起诗人无穷的遐想，天文学家却一直企图一窥其庐山真面目……

7.1 ▪ 银河系

作为一门科学，天文学的困难之处是在于距离的遥远，使得直接的验证几乎是不可能的。因此，它依赖的不是来自地上实验室的物理实验，而是来自大量的星空观测数据。

实际上，人们对宇宙及银河的观测和思考，两千多年前就

卡罗琳·赫歇尔

已经开始了。古印度就有人认为这是条星光聚集带，可能是行星的聚合体。亚里士多德不赞同这样的说法，他认为这条光带其实是一个离我们很远的巨大的大气层。

然而，这种种想法只能停留于猜测，因为没有求证的工具，直到 17 世纪望远镜问世，伽利略使用望远镜对银河进行观测，才慢慢地还银河以真面目，逐渐发现了银河系的秘密。伽利略发现，迢迢"牛奶路"原来是一个恒星密集的区域。后来，有位英国人赖特提出了银河系像个"透镜"形状的猜想，认为我们地球，连同太阳系在内的众星都位于这个"大透镜"中。这个"大透镜"的模型，与现代公认的银河系是与一个磁盘一样的盘状结构还挺接近的。

在航天事业发展之前，基本上只能靠着望远镜这一种手段。望远镜帮了人类的大忙，很早便有为数众多的恒星被观察到，让天文学家能窥探一些天体的事实，增加我们对所在银河系的了解。

如今，我们抬头仰望银河，可以给孩子们滔滔不绝地讲解太阳系、银河系、行星、恒星、彗星、星云等等天文知识。但与银河系有关的许多天文观测记录，都和英国赫歇尔家族的几位天文学家有关，其中包括著名天文学家威廉·赫歇尔，他的妹妹卡罗琳·赫歇尔，以及威廉的儿子约翰·赫歇尔。

赫歇尔等对赖特的猜想进行了验证，接受了银河系是扁平形的图景。他们发现银河系中心处恒星很多，而离中心越远恒星越少。他们认可银河系是一个恒天体系，并估计银河系中有

3 亿颗恒星，其直径为 8000 光年，厚 1500 光年。然而，当他们对星星进行分区域分类、计算数目后，发现这些星域的星星各个方向的数量都差不多。所以威廉·赫歇尔得到了一个后来被证明是错误的结论：地球（太阳系）在银河系的中心。

之后，天文学家们根据观测数据，不断更新银河系的形状和大小。1915 年，美国天文学家沙普利研究了许多球状星团的变星，发现太阳并不在银河系中心，而是位于偏边缘并朝向人马座。他估计银河系直径为 30 万光年。直到 20 世纪 20 年代，天文学家们才认识到银河系在不停地自转，有了旋转星系的概念。

到 90 年代的哈勃望远镜发射之后，我们才真正看清银河系的样子。银河系的形状和大小越来越完整清晰，人类在银河系中的位置也更加准确。

在人类构成对银河系早期认识的过程中，欧洲不少女天文学家做出了杰出贡献，下面我们挑选几位做介绍。

7.2 ▪ 赫歇尔 – 她嫁给了星星

历史上的许多女性科学家都终身未嫁，我们这一节的主角：

知识链接：

现代数据：银河系是一个棒旋星系。直径介于 10 万至 18 万光年。大约拥有 1000 亿至 4000 亿颗恒星，太阳系距离银河中心约 2.4 至 2.8 光年。估计银河系的质量大约 8.9×10^{11} 太阳质量。

卡罗琳·赫歇尔（Garoline Herschel，1750—1848）也是这样。或者可以说：她嫁给了星星……

卡罗琳是赫歇尔家庭中十个孩子的第八位。她小时候健康不佳多灾多病。在 10 岁时，她得了斑疹伤寒，导致脸上留下瘢痕，且身材矮小，长到 1.3 米左右就停止了。由于她的发育不良，她的父母认为她不会结婚，便没给予正规教育，认为她应该被训练成一名仆人。

但是后来，老赫歇尔去世后，著名天文学家威廉·赫歇尔发现了妹妹的天赋，将卡罗琳从家中解救出来，走向外面的广阔世界。威廉·赫歇尔让卡罗琳学习音乐，教她如何唱歌，使得卡罗琳很快成为一个多才多艺的女高音。但她只在威廉举办的音乐会上演唱，并且，当威廉的兴趣集中转向天文观测方面之后，卡罗琳便成为他这方面不可或缺的得力助手。

卡罗琳学会了如何擦亮透镜，如何自己制作望远镜，如何记

图 1
赫歇尔兄妹，威廉和卡罗琳

录观察到的资料和数据并进行必需的数学计算。兄妹俩用亲手制成的望远镜，先后探查了北半球1083个天区共计11万多颗星星。

1781年3月13日，赫歇尔兄妹发现了天王星。这项重要发现使威廉成为英国皇家天文学家，卡罗琳也赢得了一定的名声。之后，卡罗琳随哥哥前往英国，威廉外出参与学术活动时，卡罗琳作为管家和助理留在家里，但她不放过任何一天观测天象的机会，逐渐积累不少自己独立观测到的天文记录。

1783年2月26日，卡罗琳发现了一个疏散星团，并在年底又发现了另外两个星团。在1786年8月1日，卡罗琳发现一个发光物体在夜空中缓行，再次观察后，她通过邮件提醒其他天文学家，宣布自己发现了一颗彗星。为了使人们可以方便地观测研究，卡罗琳告知如何找到该彗星的路径。这是公认的第一个女性发现的彗星，这一发现使卡罗琳赢得了她的第一份工资。1787年，卡罗琳正式被乔治三世国王聘用为威廉的助手，成为第一位因为科学研究而得到国王发给工资报酬的女性。卡罗琳总共独立地发现了14个星云和8颗彗星。

卡罗琳后来真的终身未嫁，是否谈过恋爱我们也不得而知。在1822年，威廉去世后，卡罗琳从英国返回德国，但并没有放弃天文研究。她整理好自1800年威廉和她一起发现的2500个星云列表，她整理和勘误天文观测资料，补充遗漏，提交索引。英国皇家天文学会为表彰她的贡献，授予她金质奖章，在她96岁时，普鲁士国王也授予她金奖。

再后来，威廉的儿子约翰子承父业，继续父亲和姑姑的工作，把观测基地移到南非，在南半球探测了2299个天区计70万颗星，第一次为人类确定了银河系的盘状旋臂结构，把人类的视野从太阳系伸展到10万光年之遥。

三位赫歇尔观测了近百万颗星星！从这些大量数据，人们才开始认识到世界之大，银河系之大，整个太阳系不过是银河系靠边缘一个不起眼的极小区域而已。

7.3 ▪ 皮克林的"后宫"

皮克林是谁啊？怎么会有后宫？真是耐人寻味！其实，这是19世纪哈佛天文台的女天文学家们的故事……

"皮克林的后宫"是指于1877到1919年担任哈佛天文台台长的天文学家爱德华·皮克林雇用作为处理天文资料的女性技术人员的称呼，其中许多女性为天文学做出重要贡献。这

图2
皮克林与被称为"哈佛计算机"的女性天文学家们

些女性天文学家也以"哈佛计算机"之名为人所知。

皮克林的"后宫"

皮克林任台长期间（1881—1918），有 80 多名女性为他工作，爱德华和他的弟弟亨利都是当年颇负盛名的天文学家。亨利是土卫九（土星的一颗卫星）的发现者，月球上的皮克林撞击坑和火星上的皮克林撞击坑，都是以他们两兄弟皮克林命名的。

上节介绍赫歇尔天文家族时曾经提及，三位赫歇尔观测到的星星就有近百万颗。之后天文观测的数据越来越多，恒星种类越来越多，皮克林上任哈佛天文台台长时，面临这种情形。他希望把恒星分类，还有变星，即强度变化的恒星，但感觉人手不够，下属也不得力。妻子笑说，可能还不如家中那位能干的女仆威廉米娜·弗莱明。思想新潮的皮克林本来就积极鼓励女性从事天文研究，听后脑洞大开，这可是个好办法！于是他招募了一批女性对天文台拍摄的照相底片进行测量和分类工作，由女仆弗莱明管理。于是便有了"后宫"之说，虽然是戏称，却也反映了那个时代女性的地位。

这些"女性计算机"，胜任工作的能力堪比男性，工资却只有男性一半，而且弗莱明的管理能力大大派上用场，这些女性的不少人都在天文学上得到重要发现，包括主持恒星光谱分类的安妮·坎农，发现造父变星周光关系（量天尺）的亨丽爱塔·莱维特，弗莱明本人也做出不少贡献，发现了马头星云。

7.4 ▪ 发现"量天尺"的她

人们在日常生活中用"尺子"来测量距离,但是如何测量天体之间的距离呢?从我们地球望出去,宇宙茫茫星辰无数,有明有暗有近有远。从距离地球最近、光线只走 1.28 秒的月亮,到距离几十上百亿光年的"可观测宇宙"边缘,这些距离的数值是怎么来的?"多少亿光年"!如此难以想象的"距离",难道都是科学家想当然幻想出来的吗?

虽然不能说这所有天文数字都是很准确的,但是科学家们的估计总是有他们的道理。除了理论上的根据之外,也有一定的测量依据,且两者互相关联。

宇宙中距离的数量级大不相同:太阳系、银河系、河外星系、宇宙,每个层次的距离概念相差好几个数量级,从 10^{-4} 光

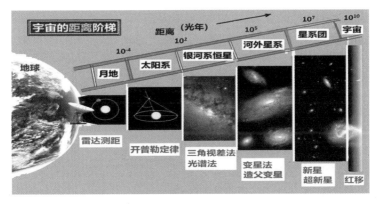

图 3
宇宙距离阶梯

年、10^2 光年……到 10^{10} 光年，不可能用同一种方法来测量。这些不同的方法叫作"宇宙距离阶梯"，见图 3。

这些方法就像阶梯一样逐步升高，互相支撑又彼此重叠，天文学家们在前一种方法的基础上发展了下一种方法，前面的数据为下一步方法提供校准，依此类推便可测量出越来越远的天体的距离。事实上，人类对宇宙的认识，天文学的发展、也随着可测的距离而增长。

7.4.1　宇宙学中的基本测量

进行天文和宇宙学方面的测量，即使是测量最基本的距离和重量，都是十分困难的。在此简单介绍一下天文学中测量距离的基本方法[8]。

人人都能想象得到，测量宇宙中的星系，谈何容易！这可不是在实验室里拨弄天平、砝码、瓶瓶罐罐就能够办到的。遥远而巨大的天体不能放到秤上称，天体间的距离无法用标尺量，说到时间的话，就更难以想象了。人的寿命不过百年，而天体、宇宙的寿命却往往以亿年计算。这种天方夜谭之事，天文学家们是如何做到的？

天体的质量基本不是被"测量"出来的，而是通过各种数学模型和理论公式"计算"出来的。天文学中测量天体之间距离的方法则有很多种。

人类最开始想测量的，应该是地球到离我们最近的星球——月亮的距离。最早测量月地距离的人，是公元前 2 世纪左右的古希腊天文学家喜帕恰斯，聪明的他利用一次日食的机会达到了这个目标。

如图 4 所示，喜帕恰斯在地球上的 A 点观测日全食，同时让他的朋友在 B 点观测日偏食，假设 B 点可以看见五分之一部分的太阳，根据图中的三角几何关系，可以从日偏食的角度 θ 以及 A 点和 B 点间的距离 D，计算地球月亮的距离 $Dm=D/\theta$。喜帕恰斯当时测量的月地距离约为 260000 千米，与现在公认的平均距离 384401 千米有一定差距，但对这个两千多年前的古人而言，可以算是很了不起的工作了。

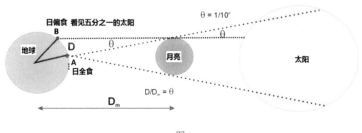

图 4

喜帕恰斯利用日食测量月地距离

如今，我们有了现代的各种探测技术，可以很容易想象一种最简单又精确的方法来测量地球到月亮的距离。比如说，我们可以向月球发射一束高强度的激光，让它到达月球某处再反射回来，然后测量两个光束的时间差就可以了。

测量不是离地球太远的星球的距离，使用最普遍的一种简单几何方法是三角视差法。这种方法可以用来测量 300 光年以内的距离。

如图 5 所示，因为地球绕着太阳作圆周运动，一年内在不同的时候对远处天体及其周围背景进行观察，结果会不一样，根据不同观察图得到的视差，可以算出视差角，然后，将日地距离当作是已知的，这样，就能用几何的方法算出地球离天体的距离。三角视差法只适用于测量距离地球较近的天体。高精准的距离测量是利用激光雷达的光线往返于地球和放置在另一星球上的锥棱镜所花费的时间。

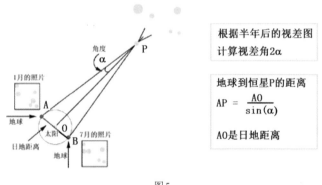

图 5
三角视差法测量天体距离

除了几何方法之外，还有测量天体距离的各种物理方法。比较常用的方法是利用天体亮度和距离之间的关系。从常识大家都知道，同样一个光源，放到越远的地方，看上去就越暗。对发光的天体也是如此，如果它距离地球越远，观测到的亮度也会越小。但是，我们如何判定天体的亮度差别是因为距离的远近还是因为本身的发光能力造成的呢？换言之，我们需要有某种其他的方法，来帮助我们估算天体的真实发光能力。用天文学的专业术语，将这种内在发光能力，称为"绝对星等"，而我们从地球上观察某颗星所得到的亮度，叫作"视星等"。绝对星等指的是把天体放在一定的标准距离（10 秒差距，或 32.616 光年）时天体所呈现出的视星等。知道了一颗星的绝对星等，就可以推算出它处在任何距离上的亮度；反之，知道一颗星的绝对星等及视星等，便可以推算出它究竟离我们有多远了。[1]

问题是：怎样才能确定恒星的绝对星等呢？

对大多数主序星的恒星而言，天文学家们经常利用描绘众多恒星演化状态的赫罗（H–R）图来达到上述目的（图 6），它是恒星温度相对于亮度的图。或者说是恒星的亮度（绝对星等）和它的颜色之间互相对应的规律。天文学家们根据观察到的恒星数据将每个恒星排列在图中，然后吃惊地发现，在主序星阶段的恒星都符合这个规律，像在电影院中对号入座一样。这个规律被丹麦天文学家赫茨普龙和美国天文学家罗素各自独立发现，因而被命名为"赫罗图"。借助于赫罗图，从主序星阶段的恒星的颜色（光谱），就可以确定它的绝对星等。由此便给出了一个标准，来进一步比较视亮度与真实亮度，帮助测量和判定恒星离地球的距离。这也叫作光谱视差法，实际上就是根据光谱类型先估计出恒星的真实亮度，再来从计算最后得出距离的一种方法。

---

[1] 绝对星等 M、视星等 m、距离 D 之间有如下关系：

$$M = m + 5\lg\frac{do}{D} \qquad do = 32.616 \text{ 光年}$$

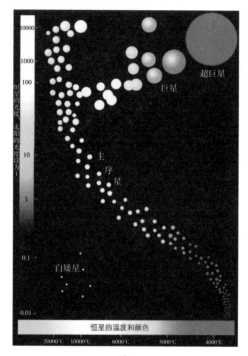

图 6
赫罗图

　　光谱视差法对测量恒星距离可用，但对距离太远的星系，在大多数情况下也难以应用。这时候可以利用造父变星或超新星作为"标准烛光"，就能测量计算出星系的距离。

7.4.2　量天尺

　　从图 3 可知，光谱法之后，主要是利用造父变星来测量更远的距离。所测距离的数量级已经到了 10 万光年，即银河系的大小，真正是在"量天"了！哈佛"女性计算机"之一的亨丽爱塔·莱维特发现的量天尺，便是这样一种将造父变星作为标准烛光，来测量距离的方法，也被称为变星法。

首先解释几个名词。变星，指亮度会变化的恒星；造父变星，是一种亮度呈周期变化（一两天到几十天）的恒星。

标准烛光的原意是指大约一支普通蜡烛的发光强度，早期人们曾把每1瓦的白炽灯的发光强度称之为一支烛光。后来天文学中的这个词汇，一般指的是某类已知亮度的天体，有时也指由此进行距离测量的方法。例如，可以用造父变星作为标准烛光来测量星系距离。

标准烛光测距原理很简单，如图7所示。例如，给你一大排发光亮度一样的光源（例如10只40瓦的灯泡），你把它们安排到不同的距离后然后测量其观测亮

图7
标准烛光测距原理

度，当然是距离越远的就越暗淡，这样你就能根据观测亮度与距离的关系计算出它们离你的距离了。

此法可以被用来测量星系离我们的距离，尽管我们无法将电灯泡放到每个星系中去，但我们可以利用星系中原来就有的星星。这就是造父变星。不过，你可能会想到一个问题：怎么确定这些造父变星的发光亮度都一样呢？

这就是我们这位女天文学家莱维特的贡献。也就是利用造父变星的周光关系，来确定其发光亮度。

莱维特研究了大小麦哲伦云中的 1777 个变星，发现造父变星的脉动频率，即光度变化的周期（取对数）与其（真实）亮度有关。于 1908 年和 1912 年，莱维特发表了 2 篇关于该主题的重要论文。她绘制了一张来自小麦哲伦星云中 25 个造父变星的数据图表，得到造父变星与发光亮度成简单的线性关系，如图 8 中函数图所示。

图 8

莱维特的量天尺，其中的函数图是她发现的造父变星的周光关系

这是个非常有用的性质。也就是说造父变星的亮度变化周期（可观测量）就可以代表这颗星的绝对亮度（是 40 瓦还是 100 瓦的灯泡）。例如，这意味着如果两个星系 A、B 中分别有造父变星 a、b，两颗造父变星的脉搏率相同，但一颗比另一颗更暗，那么我们可以判断出更暗的那颗离我们更远。

莱维特的发现极大地扩展了天体距离的测量范围，从而改变了天文学。她的工作对埃德温·哈勃发现河外星系及宇宙膨胀的事实至关重要。也从而终止了"整个宇宙是只有一个银河系还是许多个星系"的天文界大辩论。1921 年，她被任命为哈佛学院天文台的恒星光度测量负责人，但并没有活到能够享受她的新角色，便因胃癌而英年早逝了。她享年 53 岁，从未结过婚，也没有孩子。1924 年，一位学者准备提议莱维特为诺贝尔物理学奖候选人，却遗憾地得知她已经于 3 年前逝世了。

第八章
哈勃和宇宙学

"天高地迥,觉宇宙之无穷;兴尽悲来,识盈虚之有数。"

——唐·王勃《滕王阁序》

8.1 ▪ 哈勃其人

宇宙是什么?人类的宇宙观念是与时俱进的。当人类只能用肉眼观察到少量的星星时,对宇宙的概念只能主要靠想象或者是宗教,还谈不上是科学。例如古中国的"天圆地方""天地浑沌如鸡子,盘古生其中"之类的。随着人类更多的天象观测以及对天体认识的加深,逐渐建立起初级的科学模型。如开始时,托勒密的地心说被人们广为接受,算是最早的宇宙观,直到 16 世纪时为哥白尼日心说所取代。之后,特别是伽利略发明了天文望远镜之后,人们进一步认识到太阳也不是什么"宇宙中心"，而只是浩瀚银河系边缘一颗普通的恒星。

科学的脚步很快就走到了 20 世纪，人类宇宙观的根本变革发生在 1923 年，伴随着一位传奇人物的登场，他名叫哈勃（Edwin Hubble，1889—1953）。

哈勃何许人也？

哈勃是美国天文学家[9]，1889 年于密苏里州出生，他一生的作为和"星星"有密切关系。他从小身材高大，名副其实的帅哥和明星。高中时曾在田径运动会上一举囊括七项冠军。在芝加哥大学他作为一名重量级拳击运动员而闻名，后来，他为满足父亲的愿望到英国牛津大学学习了三年法律，同时也是校内著名的体育明星。他很快就摒弃了原来的美国口音，变成了一位风流倜傥的英国绅士，嘴边叼着烟斗，操起一口纯正的牛津英语。以至于回到美国时，朋友称呼他"假洋鬼子"。

天文是哈勃最热衷最着迷的事情，他从芝加哥大学获得了天文学博士学位并受聘于威尔逊山天文台，得以观察和研究天上的星星。在威尔逊山下距离不远处的好莱坞，他是影星们心目中的英雄和偶像。

1920 年的人类仍然在思考宇宙是什么的问题，整个宇宙是不是只有一个银河系还是许多个星系？天文学家们还就此在华盛顿的物理年会上展开了一场辩论。辩论双方分别是利克天文台的柯蒂斯和威尔逊山天文台的沙普利。简单而言，沙普利认为银河系大小有 30 万光年，主张银河系就是整个宇宙，柯蒂斯认为银河系大小不超过 3 万光年，除了银河系外，有多个与银河系类似的岛宇宙（星系）。从现代天文学的已知观测事实来看，当然是柯蒂斯正确、沙普利错，因为对我们的可观测宇宙而言，据估计有 1000 亿到 2000 亿个星系！事实上，两位天文学家得出不同的结论是出于他们对银河系大小的估计。实际上现在公认银河系的大小是 10 万光年左右，在两人所估计值的中间。虽然被称为大辩论，但双方礼貌相待并没有多少火药味。因此，这场辩论并没有胜者，但却被当作科学史上的经典案例。

辩论时，哈勃刚到威尔逊山天文台一年，辩论方之一的天文学家沙普利，从 1914 年就是威尔逊山天文台的重要人员，最有意思的是沙普利和哈勃两人不寻常的关系，两人都是密苏里人，家乡距离不远。但他们的个性迥然不同，几乎是截然相反。沙普利更像是一个乡下男孩，善交往好人缘。哈勃显露他的军事背景、英国口音、绅士着装、冷漠傲慢。两人都是极优秀的天文学家，共同使用当时最大的胡克望远镜。沙普利对仙女座星云有详尽的观测，但他迷恋于他的"大银河"——一个宇宙梦。"不识银河真面目，只缘身在此河中"。错过了第一个发现河外星系，开创观测宇宙学的机会。

沙普利不久后就离开了加州去东部就任哈佛天文台台长。1924 年，踌躇满志的沙普利在他哈佛办公室里收到哈勃来信，告诉他用造父变星的光变周期测量了仙女座星系与地球的距离为 110 万光年左右，证实了仙女座不属于银河系。这封信彻底毁了沙普利的银河宇宙梦。但沙普利立即接受了哈勃的观测事实，不计前嫌，是一位真正的科学家！

望远镜对天文学的功劳太大了！借助望远镜，伽利略数木星的卫星，赫歇尔数恒星，哈勃数岛宇宙（星系）。哈勃证明了仙女座不属于银河系，后来又有更多的河外星系一个一个被发现。哈勃后来又发现了星系间的距离在不断增加，宇宙正在膨胀的事实。因此，哈勃被誉为星系天文学的创始人和观测宇宙学的开拓者。

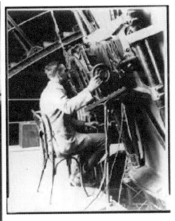

图 1
哈勃在威尔逊山天文台观测

宇宙学和天文学关系密切，但在概念上是两个完全不同的学科。天文学研究天体及其各种特征，包括行星、彗星、恒星和卫星，星系天文学研究星系。而宇宙学是把宇宙当作一个整体进行研究，星系只是其中一个"点"。宇宙学的研究对象包括宇宙构成、演化，大尺度结构形成等等。

哈勃的最大贡献是发现了哈勃定律，即星系间的相互速度与其间距离的关系。相对速度 V 和距离 D 都是哈勃靠测量得到的。星系间的距离 D 可以依赖造父变星（或超新星）作为标准烛光来测量，而星系间的相对速度 V 又如何测量呢？靠的是观测光谱的"红移"。

8.2 ▪ 宇宙中的光线红移

红移是指光（或电磁波）由于某种原因导致波长增加、频率降低的现象，在可见光波段，表现为光谱的谱线朝红端移动了一段距离。相反的，电磁辐射的波长变短、频率升高的现象则被称为蓝移。

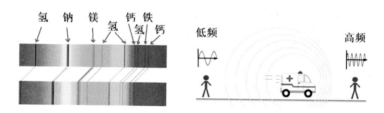

图 2

（左）光谱红移（右）声波的多普勒效应[①]

根据上述定义，宇宙中的光线产生了红移，是一个现象和测量的结果。但就其物理机制而言，测量到的红移值有三种

[①] 红移的大小由"红移值"衡量，红移值用 Z 表示，定义为：

$$z = \frac{\lambda - \lambda_0}{\lambda_0} = \frac{f_0 - f}{f}$$

这里 λ_0 是谱线原先的波长，λ 是观测到的波长，f_0 是谱线原先的频率，f 是观测到的频率。

原因:

8.2.1 多普勒红移

图3描述的是光源与观察者相对运动时产生的多普勒效应。光源发射的是某频率的绿光,相对于光源静止的观察者接收到该频率的绿光。如果绿光光源向右运动,右边观察的人接收到蓝光(蓝移),左边的观察者接收到红光(红移)。类似于声波的多普勒效应,光波的多普勒红移与光源和观察者的相对速度 V 有关: Z(红移量)= V/c(c 是光速),与波在空间的传播过程无关。

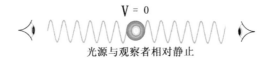
光源与观察者相对静止

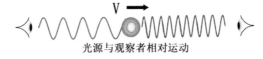
光源与观察者相对运动

图 3
多普勒红移

8.2.2 宇宙学红移

在宇宙学中也需要考虑上面描述的天体或星系间相对运动时因为多普勒效应而引起的红移。但是,通常所指的"宇宙学红移"(cosmological redshift)是另外一种产生机制完全不同的红移现象。宇宙学红移不同于多普勒红移,红移的原因不是因为观察者和光源参照系之间的相对运动 V(实际上,在宇宙学的范围,并不存在"惯性参照系"),而是因为波动在空间传播的时候宇宙空间的膨胀或收缩所导致的光谱移动，是在宇宙学尺度下更为显著的光谱移动现象。

可以用图4中的两个类比来说明空间的膨胀。图中将空间类比于能伸缩的橡皮筋（一维世界）或者是可以吹气胀大的气球面（二维）。由图4可见，因为橡皮筋伸长，或者气球表面胀大，在其中传播的电磁波的波长也被相应地拉长了。

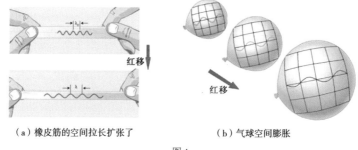

（a）橡皮筋的空间拉长扩张了 　　　　（b）气球空间膨胀

图4

空间膨胀使得波长红移

图5进一步说明了宇宙学红移的过程。如图所示，在不断扩张的宇宙中，光波的波长是在传播的过程中逐渐红移

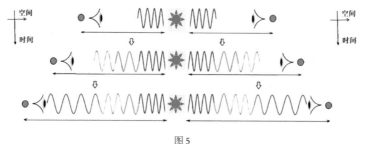

图5

宇宙学红移

的，红移的机制是由于空间尺度性质的变化。而多普勒红移与时空的性质无关，可以看作是从不同参照系得到的不同观察效应。[1]

8.2.3 引力红移

根据广义相对论，巨大引力场源发出的光线会发生红移，称之为引力红移，见图6（a）。

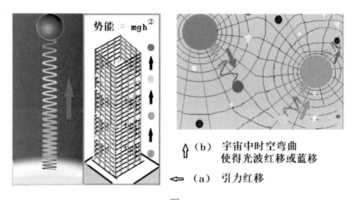

⇧（b）宇宙中时空弯曲
　　使得光波红移或蓝移

⇦（a）引力红移

图6
引力造成的光谱移动

可观测到的引力红移的贡献来自两个方面，一部分只与发射时光源所在处的引力场有关，是因为光源所在处引力场的作

---

① 宇宙学红移是根据测量而定义的，测量的是星系间的退行速度 V。表面上看，如此测得的红移值与多普勒红移得到的数值一致，但是理论解释却有所不同。宇宙学红移本质上是与宇宙空间尺度变化的标度因子 $a(t)$（见第14章，大爆炸模型）有关，标度因子 $a(t)$ 表示空间尺寸如何随时间变化。因此，红移值 Z 可简单地用光线被接收时与被发射时宇宙空间标度因子的比值来表示：$1+Z=a(t接收)/a(t发射)$

② m：物体质量，g：重力加速度，h：物体相对于参考点的高度。

用使得时间膨胀，发出的光波比之没有引力场时光波波长更长。红移的另一部分贡献则与在空间的传播过程有关。是因为质量巨大的天体发射的光子在离开光源之后，受到其周围引力场的作用而产生的谱线位置变化。

光波在宇宙中传播时的引力红移效应，有时表现为红移，有时表现为蓝移，红移量的大小与光源所在处的引力势以及传播过程中空间的引力势有关。例如，当光子从引力场大的区域发射到引力场小的区域，如太阳到地球，光子需要克服引力而损失能量，因而产生红移。反过来，如果光子从引力场小的区域发射到引力场更大的区域，则产生蓝移，见图 6（b）。[1]

引力红移（上述的第二部分贡献）与宇宙学红移都是因为光子传播过程中时空的性质改变而引起的，产生机制的本质相同。只是时空改变的原因有所不同，前者是因为物质分布使时空弯曲，后者是源于时空膨胀。

8.3 ▪ 膨胀的宇宙

人类就凭着一个小小的望远镜，望到太阳、望到银河、望到成千上万的星系，居然还得出了一个宇宙正在膨胀的惊天秘密。大多数人都将发现宇宙膨胀的功劳归于天文学家哈勃。哈勃功不可没，但实际上还有多位学者的贡献与此有关，比如我

---

[1] 可以用引力势 V 在两个位置之差别来近似估算引力红移：

$Z=（V_2-V_1）/（c^2+V_1）$。

们曾经介绍过一位女天文学家莱维特发现量天尺的作用。本节中我们首先梳理一下哈勃时代之前后人类对宇宙的认识。

哈勃 - 勒梅特定律

宇宙膨胀的结论，主要根据是哈勃 – 勒梅特定律，或简称为哈勃定律：

$V=H_0D$，意思是说星系正在离我们而远去（或叫"退行"），其退行的速度 V 与星系离我们的距离 D 成正比，比例系数用一个常数 H_0 表示，叫作哈勃常数。你想想，所有东西（星系）都在离我们远去，离得越远的远去的速度越快！这幅图像不就是整个世界（宇宙）在膨胀吗？

哈勃以及别的天文学家，在确定了不少河外星系之后，便开始测量来自这些星系的光谱谱线的红移。被发现的星系（岛宇宙）越来越多，距离越来越远，测量越来越困难。这显然不是一项简单容易的工作，而是一个令人咋舌的奇迹。想想看，仅仅从一块很小的、刚合一只人眼大小的玻璃中，哈勃却能向外观天，将整个宇宙尽收眼底。在处理得到的庞大观测数据时，哈勃又像一个勇敢的航海家，遨游在波涛汹涌的星系大海中。

哈勃在使用胡克望远镜之初，就给自己定下了一个宏伟目标，要使得人类认识的星系数目和那时候人类观察到的银河系中的恒星一样多。哈勃在 1934 年左右就实现了这个目标，他对 4.4 万多个星系的视分布进行了研究。将宇宙之大展示于人类面前。宇宙，的确堪称星系的海洋！

分析整理观测数据的结果之后，哈勃敏锐地注意到这些星系的红移与距离之间有某种简单而令人惊奇的关联：星系的距离越远红移 z 的量也越大。并且，对于绝大多数情况而言，z 的数值为正数，也就是说，是真正的红移，所有的光都变得更"红"了。

开始时有人将这种红移解释为多普勒效应，但后来便意识到应该用另一个完全不同的机制，即用上面我们介绍过的"宇宙学红移"来解释。并且，因为观测到的是红移而非蓝移，所以，自然地便得到了宇宙膨胀的结论。

我们对宇宙的认识过程，从地球太阳到银河到星系，错综复杂颇为有趣。

人类很早就观察到，天上除了数不清的星星之外，还有一团一团的"星云"。后来知道了，这些当年被认为是星云的东西，很多都是太过遥远而看不清楚的星系。再后来把里面的星星看得比较清楚了，但搞不清楚距离，以为这些星系都属于银河系。虽不知距离，但却又测到了它们的光谱红移。例如，1912 到 1922 年，天文学家斯里弗观测了 41 个星系，发现其中 36 个星系光谱有红移，他认为这是多普勒红移。不过，只测量到红移而不是蓝移，意味着这些星系正在远离地球。

这段时期的哈勃，正是在牛津大学优哉游哉留学完毕又回到美国芝加哥大学读博士的时候。哈勃正值天时地利好运气，他来到了威尔逊山天文台，手中握着量天尺和当年最好的胡克望远镜，一举找到了仙女座的一颗造父变星，测量了仙女座与地球的距离，确定了仙女座河外星系的地位，也确定了他自己在天文学中的地位。

哈勃 1924 年确定了仙女座距离我们有 110 万光年之遥，尽管这个数值与现代测定的距离 254 万光年相去甚远，但却确定它是河外星系，因为它不可能属于大小只有 10 万光年的银河系。许多天文学家紧接着跟上，寻找其他"星云"中的造父变星，确定距离。这样一来，发现的河外星系越来越多。

因此，哈勃将天文学带到了一个转折点！宇宙的图景一下子就从挤成一团的银河系被拉开了，宇宙范围转眼扩大成了真正的、浩渺无垠的宇宙。从此后，天空中的所有点点繁星并不是属于一个大小只有 10 万光年的银河系，而是展开成了成千上万个互相分离的星系。银河系不过是茫茫宇宙的星辰大海中一个普通成员！不知道这应该令人类欣喜还是沮丧？但这是被科学发现和被证明了的事实。

第九章
望远镜

"欲穷千里目，更上一层楼"。 ——唐·王之涣《登鹳雀楼》

9.1 ▪ 望远镜历史

　　望远镜对天文学的贡献毋庸置疑，没有望远镜，人类的目光是太短浅了。

　　走得最远的航天器是旅行者 1 号，离家 44 载，刚到太阳系边界。用光速表达这个距离，就是光走 20 小时而已。而人类的"眼光"就看得远多了。即使是肉眼，也能看到很远的星星，望远镜更不在话下。远到多远呢？结果令你吃惊：望远镜望到了 130 亿光年。是旅行者 1 号距离地球的 4 万亿倍！

　　人类观天能力随望远镜技术的改变而进步。伽利略用望远镜研究太阳系的行星及其卫星；赫歇尔家族用望远镜探测银河系并记录下几万颗星星；哈勃本人用望远镜观测到银河之外的 4 万多个"河外星系"！望远镜带给人类一次又一次的惊喜，将我们的目光延伸到能"和宇宙共处，与光波同行"！

从伽利略的望远镜到韦伯望远镜，400 年了，我们首先回顾一下这个"人类第三只眼睛"的历史。

图 1
伽利略和他发明的天文望远镜

人类很早就发明了玻璃，公元前 200 年巴比伦发明了吹管制玻璃，但直到 13 世纪才发明了眼镜。望远镜算是第一台被制造的光学仪器，根据广泛传播公认的故事，在 1600 年左右，两个小孩在荷兰眼镜商利珀希 Lippershey 的商店里玩两个玻璃镜片时，不经意间透过它们朝远处教堂凝视，发现教堂的尖塔奇迹般地变得清晰！然后利珀希立刻意识到了这一发现的重要性，由此而摆弄两个镜片，折腾又折腾，最终发明了第一台望远镜。

神奇发明的消息传到了威尼斯的伽利略那里，伟大科学家开始自制望远镜，并认为这玩意儿也许可以作为战争工具。不过，伽利略举起他的望远镜东张西望时，免不了对准他钟爱的闪亮的星空！

这一望就非同小可，这一望就望出了名堂，镜头中的景象使伽利略震惊！他看到木星居然"长着耳朵"，看到了月面原来是坑坑洼洼，细看银河中的云彩，原来是一颗颗亮闪闪的星星！ 1610 年，那正是哥白尼的日心说挑战教会思想的年代，出于科学家的本能，伽利略马不停蹄地研究改进这新玩意儿，第一台 32 倍放大倍数的天文望远镜由此诞生！

天文望远镜是观测天体的重要工具，可以毫不夸张地说，没有天文望远镜的诞生和发展，就没有 400 年后的现代天文学。天文望远镜各方面性能不断改进和提高，总的有折射和反

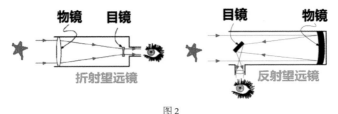

图 2
折射望远镜和反射望远镜

射两大类以及结合两者的折反射天文望远镜。伽利略的望远镜是折射式的，物镜是凸透镜，目镜是凹透镜，后来的开普勒望远镜，物镜和目镜都是凸透镜。折射天文望远镜的缺点是色差大，后来用反射镜代替透镜，从牛顿开始制造反射天文望远镜。

随着玻璃制造及镀层技术的发展，现代天文望远镜基本都是反射望远镜，反射也有两种方式。美国宇航局最新发射的韦伯望远镜类似图 2 右边的那种。科学家们制造的反射天文望远镜的口径越来越大。1793 年英国赫歇尔制作的反射式望远镜，反射镜直径为 130 厘米，用铜锡合金制成重达 1 吨。1917 年，胡克望远镜在美国加州威尔逊山天文台建成。它的主反射镜口径为 254 厘米。正是使用这座望远镜，哈勃发现了宇宙正在膨胀的惊人事实。1948 年美国建成了 5.08 米的海尔望远镜，1976 年苏联建成 6 米望远镜。

大口径望远镜可满足天文学对高分辨率的需要，但制造整块玻璃的传统方法限制了尺寸。由此而诞生了拼接镜面的天文望远镜。在一系列新技术的基础上，目前国际天文界热衷于制造几十上百米的极大天文望远镜。图 3 显示了望远镜尺寸的变迁，这儿显示的是可见光包括红外线的望远镜。如美国夏威夷莫纳克亚山的是目前最大的，十几米，这儿 30 米和 39 米的尚未建成。韦伯望远镜是太空最大的……

接受无线电波的射电望远镜不在图 3 中，那是一些安置在深山中的朝天大锅，如中国天眼，口径 500 米，是可见光望远

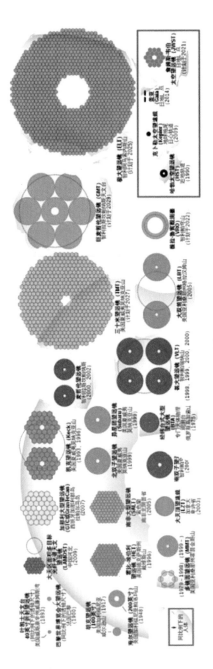

图 3

天文（光学）望远镜的口径大小

镜望尘莫及的尺寸，见图4。

图 4
中国天眼

9.2 ▪ 太空望远镜

天文望远镜一直沿用至今，不过，现代的天文望远镜已经
今非昔比。除了望远镜本身的光学技术不断改进，精度不断提

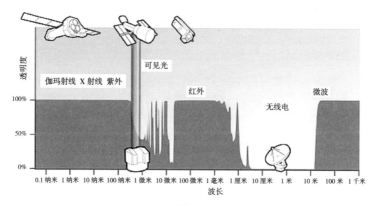

图 5
大气对不同波长电磁波的透明度

高之外，更重要的是，科学家们充分地利用现代航天技术，将望远镜建造在太空中，称之为"太空望远镜"。

为什么要将望远镜的位置上升到太空的高度呢？是为了摆脱大气层对观测的干扰。地球被厚厚的大气包围着，这对人类的生存和健康是至关重要的，使人类能够自由呼吸并免受有害辐射的危害，但与此同时，地球大气层也阻碍我们观测天象。大气层对来自天外的辐射是选择性的吸收，只有可见光和某些频段容易通过。此外，即使在可见光范围内，大气层的散射也会导致我们没办法看到太远的星系，因为它们比大气层自身的光都要暗。这也是为什么一般都将天文台建立在高山上的原因。

图 5 中的棕色阴影曲线表明了大气对不同波长电磁波的透明度。从左到右可以看出，大气对伽玛射线、X 射线、紫外线，基本上 100% 地吸收；可见光部分，对某些频率选择性地有所吸收；红外部分几乎全部被挡住了。然后，较低能量的射电波和微波部分有一段"大气窗口"，电磁波谱中这些区域波长的波能够穿过窗口，一些微波甚至可以穿过云层，使它们成为传输卫星通信信号的最佳波段。所以，射电望远镜可以安置在地面上。

早在 1946 年，美国理论天体物理学家莱曼·斯皮策提出一个太空望远镜的构想，提议建立一个不会受到地球大气层阻碍的大型望远镜。在 20 世纪 60 年代和 70 年代，天文学家们为建造这样的系统进行了游说。斯皮策的构想最终实现为哈勃太空望远镜，它于 1990 年 4 月 24 日由发现号航天飞机发射。在 2003 年，还发射了一个以斯皮策命名、工作于红外范围的斯皮策太空望远镜。

此外，现代天文观测将望远镜的工作频率范围从可见光扩展到了伽玛射线、X 射线、紫外线、红外线、无线电波等等，见图 6。

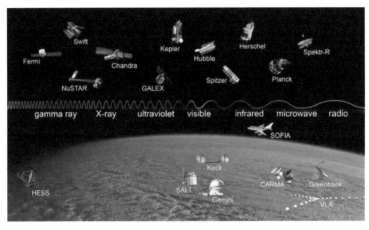

费米太空望远镜（Fermi）；太空望远镜（Swift）；钱德拉 X 射线望远镜（Chandra）；开普勒太空望远镜（Kepler）；哈勃太空望远镜（Hubble）；赫歇尔太空望远镜（Herschel）；光谱 –R 卫星（空间射电望远镜）（Spektr–R）；紫外线星系演化探测器（GALEX）；斯皮策太空望远镜（Spitzer）；普朗克太空望远镜（Planck）；伽玛射线，X 射线，紫外线，可见光，红外线，微波，无线电波（gamma ray, X-ray, ultraviolet, visible, infrared, microwave, radio）；高能立体望远镜（HESS）；南部非洲大型望远镜（SALT）；凯克望远镜（Keck）；双子座望远镜（Gemini）；毫米波联合阵列（射电望远镜）（GARMA）；绿岸射电望远镜（Greenbank）；甚大阵射电望远镜（VLA）。

图 6
电磁波谱各个波段下相应的望远镜

比如，美国航天局大型轨道天文台计划包括的 4 颗大型太空望远镜：哈勃望远镜、康普顿 γ 射线天文台、钱德拉 X 射线天文台、斯皮策太空望远镜，分别工作在可见光和紫外线、伽玛射线及硬 X 射线、软 X 射线、红外线波段，取得了一定的成果。

钱德拉 X 射线天文台发现了中等质量黑洞存在的证据，观测到了银河系中心超大质量黑洞人马座 A 的 X 射线辐射。哈勃望远镜提供的高清晰度光谱也证实了银河系中心超大质量黑洞的存在，并且遍及宇宙各星系。

为了纪念德国天文学家开普勒，2009 年，美国宇航局将开普勒天文望远镜送上太空，这个任务被命名为开普勒任务，是为了在宇宙太空中寻找类地行星。

其背后是科学家比尔·博鲁茨基长达 23 年的坚持。博鲁茨基 1962 年起即在美国宇航局工作，参与过阿波罗计划的隔热罩设计。从 1992 年开始，他向美国宇航局提交方案，用空间探测器借助"凌日法"寻找太阳系外的行星，但当时没人相信这办法能成。1996 年，人们已经发现系外行星了，但博鲁茨基锲而不舍地再提自己的观点，还是被拒绝。他就自己买设备、做实验，积累了大量数据，证明自己的方案是可行的。2009 年，美国宇航局终于发射了开普勒望远镜，已经 70 岁的博鲁茨基像小孩一样高兴。

开普勒望远镜发射后，成果颇丰。截至 2018 年，天文学家发现超过 18000 颗系外行星候选者，大约 3800 颗已被确认，其中的 2325 颗由开普勒太空望远镜所发现。

下面两节分别简单介绍著名的哈勃望远镜和韦伯望远镜。

9.3 ■ "哈勃"九霄观宇宙

哈勃望远镜

以爱德温·哈勃命名的哈勃望远镜和哈勃一样，为天文学立下大功。哈勃太空望远镜总长度 16 米左右，近似于两辆大型的双层巴士。但是，它的望远镜头听起来好像并不那么风光：它是一个小个头的望远镜，主镜直径 2.4 米。大家都知道天文望远镜的口径大小是一个重要参数，如今许多放在高山之巅的望远镜直径都是 8 米乃至 10 米，哈勃太空望远镜与这些大块头比起来太不起眼了。不过它的优势是位于太空，它就是一颗人造地球卫星，以每秒 7500 米的速度，绕高度为 559 千米的低地球椭圆轨道运行，97 分钟就能绕地球一圈。位于太空的优势是无大气散射造成的背景光，还能观测会被臭氧层吸收的紫外线。因此，于 1990 年发射之后，哈勃太空望远镜已经成为天文史上最重要的仪器，见图 7。

哈勃太空望远镜主要任务之一是更加准确地测量各星系的距离及速度，从而能够更为准确地确定哈勃参数的数值范围。哈勃参数的概念是爱德温·哈勃引进的，用以表示来自遥远星系的光谱红移与它们离观测者距离的比值。光谱为什么会红移呢？多普勒效应对其给出最简单直观的解释。根据我们日常生活中的经验，当火车驶近我们时，汽笛声变成尖叫声（频率增大），而当火车远离我们而去时，声音则变得低沉（频率减小）。对光波而言，红光是可见光中频率最低的，"红移"意味

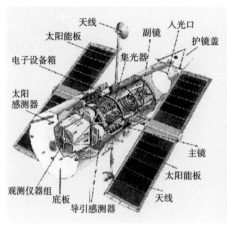

哈勃太空望远镜基本资料

口径: 2.4 米
长度: 13 米
重量: 11,000 公斤
可观测波段: 可见光、
　　　　　　 紫外线、
　　　　　　 红外线、
升空日期: 1990 年 4 月 24 日
预定寿命: 15 年
第一次维修: 1993 年 12 月
第二次维修: 1997 年 2 月
第三次维修: 1999 年 12 月

图 7
哈勃太空望远镜资料

着正值频率变低，即星系远离我们而去。
红移的测量是天文学家们常用的手段，既
能用以测量星系的距离，也能用来测量星
系的速度。但距离还有各种其他的测量方
法，诸如利用观测造父变星、超新星爆发
等。因此，红移值便基本表明了星系离开
我们的速度。

　　当年，爱德温·哈勃对大量星系测量
的结果，总结出一条哈勃定律: $v=H_0D$，
意思就是说，星系飞离的速度与其距离
成正比，离得越远的星系飞离得越快。
这个结论给出宇宙正在膨胀的图像，之
后成为支持宇宙起源大爆炸理论的一个

重要证据。由此而见，哈勃参数的测量对研究宇宙的起源、演化、年龄等问题十分重要。哈勃望远镜升空后，将哈勃参数的测量误差从 50% 减少到 10% 以内，并与其他技术测量出来的结果基本一致。之后，1998 年，三位物理学家索尔·珀尔马特、布莱恩·施密特和亚当·里斯，透过观测（不限于使用哈勃太空望远镜）遥远的超新星而发现了宇宙不仅在膨胀，而且正在加速膨胀。三位学者因此而荣获 2011 年诺贝尔物理学奖。

哈勃太空望远镜，可以说是人类天文观测史上的一道分水岭。自从哈勃太空望远镜升空，我们就见识到了从来都不曾看到过的宇宙。它将人类的视野从 70 亿光年扩展到 130 亿光年以外。

然而，太空望远镜不方便维修，需要动用航天飞机，还要克服太空中的种种困难。哈勃太空望远镜发回地面的第一张照片就曾让科学家们大失所望，见图 8 左。图中哈勃太空望远镜照的是距离地球 5500 万光年远的 M100 星系，这张照片使哈勃太空望远镜当年成为一时的笑柄而广受质疑。那的确是因为人为的错误而造成的，因为打磨镜片的承包公司将主镜的形状磨错了，镜面边缘多磨了 2 微米。虽然只有头发丝的五十分之一，但差之毫厘失之千里。后来为了矫正这个错误，3 年之后美国宇航局对哈勃进行第一次维修，涉及 7 位航天员 10 天时间 5 次出舱行走，才给哈勃戴上一副眼镜矫正了"视力"，1994 年发回来了清晰的旋转星系照片，如图 8 右。之后，科学家们又利用"发射号"航天飞机对哈勃太空望远镜进行多次维修，尽管费用昂贵，但经过修复后的哈勃太空望远镜成果非凡。

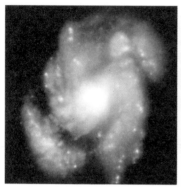

哈勃太空望远镜发回的第一张照片　　1994 年维修后的哈勃太空望远镜发回的照片

图 8

哈勃太空望远镜第一照

哈勃太空望远镜升空二十余年，影像珍贵成果颇丰，它的广角行星相机可拍摄上百个恒星照片，清晰度是地面天文望远镜的 10 倍，据说在 6 万千米外的一只萤火虫都"一目了然难逃法眼"。简单总结哈勃太空望远镜有如下成果：

1. 拍摄深空照，增进人类对宇宙的了解，有可能跟踪研究宇宙发展的历史；

2. 证明了多数星系中心都可能存在超高质量的黑洞；

3. 在可见光谱范围内，观察了数千个星系，探测到最初的"原始星系"；

4. 更清晰地阐述了恒星形成的不同过程；

5. 对千载难逢的一次彗星木星相撞事件进行了详细观测；

6. 对火星等太阳系行星的气候进行研究，发现木卫二和木卫三大气中的氧气。

韦伯望远镜

9.4 ■ "韦伯"初露头角

美国宇航局于 2021 年 12 月 25 日发射了 14 年之前就计划发射的韦伯太空望远镜（JWST）。韦伯太空望远镜名义上是哈勃的接班人，它的主要科学目标之一是探测早期形成的第一批恒星和星系，为宇宙拍个 4 亿—6 亿岁时的婴儿照。

9.4.1 与"哈勃"之不同

韦伯太空望远镜与哈勃太空望远镜大不相同：一是大小，二是工作频率，哈勃太空望远镜以可见光为主，韦伯太空望远镜集中于红外线波段。

2021 年，哈勃太空望远镜已经 31 岁了，革命尚未成功，哈勃却已显老旧，主要是需要更新换代它原来配备的电子仪器。因此，韦伯太空望远镜这一年的发射至关重要。

韦伯太空望远镜为何要在红外波段工作呢？因为第一代恒星和星系初生年代的信息传播到现代，可见光或紫外线已被红移到了红外区域。红外功能不够的哈勃太空望远镜无法捕捉到早期宇宙中的神秘天体（红移值高达 9.6），哈勃太空望远镜只能依靠"引力透镜"效应来发现它们。

红外线的波长更长，使得需要更大的镜面聚光来达到更高的分辨率。韦伯太空望远镜主镜直径 6.5 米，几乎是哈勃太空望远镜直径的 3 倍。主镜由铍制成，镜片上涂上一层厚度仅为头发千分之一的金，主镜包括 18 块 6 角形镜片，在发射时需要打包，将镜片折叠起来，升空安置好之后再打开，见图 9（a）。

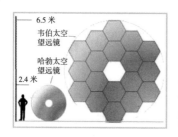

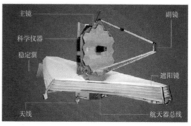

（a）哈勃太空望远镜和韦伯太空望远镜大小 　　　（b）韦伯太空望远镜结构

图 9
韦伯太空望远镜大小和结构

韦伯太空望远镜 6.5 米的主镜由 18 面镜片组成，比较地面望远镜而言，韦伯太空望远镜不算大。例如，欧洲 2025 年将于智利建成的极大望远镜，其主镜直径为 39.3 米，由 798 个六角形小镜片拼接而成，39.3 相对于 6.5，798 相对于 18，韦伯太空望远镜小多了！不过各路英雄本领和目标都不同！作为为数不多的几个太空望远镜之一，韦伯太空望远镜逍遥自在于广袤的宇宙中，看得更清、望得更远，自有其优越之处。

韦伯太空望远镜的 18 面镜片本身及相对位置的精度都非常高，自动化的程度也是哈勃太空望远镜望尘莫及的。它发射到太空 20 天之后，自动打开折叠包，拼好镜片，花了十天的时间，调整它的各个镜片，然后又进行了为期几个月的光学校准。

拉格朗日点

因为发射时的存放位置完全不同于工作位置。存放时安全第一，工作时精准第一。计算机控制的镜子制动器是为以纳米计测量的极小运动而设计的。每个镜子都可以做小至 10 纳米非常精确地移动，这个距离大约是人类头发直径的万分之一。为了达到最后互相对齐的位置，每个镜子都需要移动 12.5 毫米左右。韦伯望远镜将这个距离分成许多短的移动，这种方式简单而安全，并且可以从地面上密切监控。此外，韦伯太空望远镜的镜面必须控制保持在非常冷的温度，因此需要限制从执行电机进入韦伯镜面的热量。这也是每次调整时每个执行器一次只运行很短的时间的原因。一步又一步在各段之间轮流，它大约花一天时间将所有部分移动 1 毫米！和草本植物每天生长的速度差不多！到 2022 年 8 月，一切调整工作都已完成。

9.4.2　拉格朗日点

韦伯太空望远镜和哈勃太空望远镜不相同的另一个方面是它们在太空的位置。哈勃太空望远镜的离地高度不过 600 千米。韦伯太空望远镜的位置却离地球远得多，约为 150 万千米。韦伯太空望远镜另一个特别点是它的轨道。它不是像哈勃太空望远镜那样绕着地球转圈，而是位于太阳 – 地球系统的拉格朗日点 L_2 上。

何谓拉格朗日点？在第 4 章中我们介绍过三体问题。一般而言，三体问题很难有解析解，一个常用的近似解法是将其简化成"两个大质量和一个微小质量质点的运动"。在这样的"平面限制性三体问题"中，有 5 个点可以让小质量天体稳定运行，这 5 个点被称作拉格朗日点，见图 10。

这些小质量在两体系统中的特解被统称为拉格朗日点。这是指在两大物体引力作用下，能使小物体暂时稳定的几个点，其中的 L_1、L_2、L_3 实际上是欧拉得到的，L_4 和 L_5 由拉格朗日在 1772 年得到，发表在他的论文"三体问题"中。

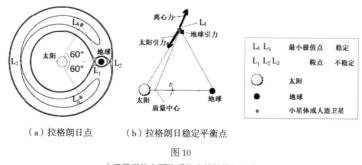

（a）拉格朗日点　　（b）拉格朗日稳定平衡点

图 10

小质量天体在两体系统中的拉格朗日点

从图 10（a）所示，拉格朗日点中的三个：L_1、L_2、L_3 位于两个大天体的连线上，L_4 和 L_5 则分别位于连线的上方和下方与大天体距离相等并组成一个正三角形的两个对称点上。可以从数学上证明，在连线上的三个拉格朗日点不是真正"稳定"的点，它们对应于"鞍点"类型的极值点。只有 L_4 和 L_5 是对应于最小值的稳定点。也就是说，当小质量位于 L_4 和 L_5 时，即使受到一些外界引力的扰动，它仍然有保持在原来位置的倾向。图 10（b）显示了在 L_4 点对小天体的 3 个作用力（地球引力、太阳引力、离心力）是如何平衡的。

乍一看，五个拉格朗日点的存在似乎没有多大的实际意义，只像是个趣味数学游戏。但是，没想到它们还真有一定的实际用途，自然界小行星群的实例也证明，稳定解在太阳系里的确存在。1906年，天文学家首次发现木星的第588号小行星和太阳正好等距离，它同木星几乎在同一轨道上超前60度运动，三者一起构成等边三角形。同年发现的第617号小行星则在木星轨道上落后60度左右，构成第2个正三角形。之后进一步证实，木星轨道上的小行星群（特洛伊群和希腊群，或统称特洛伊小行星），都是分别位于木星和太阳的拉格朗日点L_4和L_5上。迄2007年9月为止，已经确认的特洛伊小行星有2239颗，其中1192颗在L_4点，1047颗在L_5点（图11）。

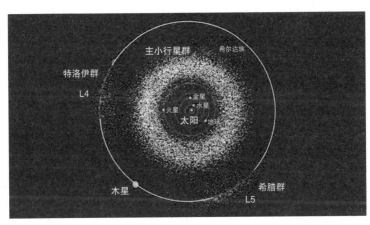

图11
位于拉格朗日点的小行星群

韦伯太空望远镜升空后，将沿其轨道奔向L_2，并绕L_2转圈，见图 12。哈勃太空望远镜仍然在绕着地球转小圈，仍然不停地发回大量照片。在地球背对太阳的一方，韦伯太空望远镜背朝着地球，孤零零地飘荡在 L_2 点上，在那里，它比哈勃太空望远镜更远离地球与太阳的干扰，能够更方便地窥探深空，朝宇宙的起点望去，一直望到宇宙的边缘，天之尽头！

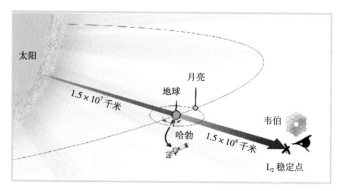

图 12
位于拉格朗日点的韦伯太空望远镜和绕地球的哈勃太空望远镜

9.4.3 "韦伯"第一照

2021 年圣诞节展翅飞空的韦伯太空望远镜，两个月后睁开了眼睛！2022 年 2 月 4 日那天，韦伯太空望远镜孤零零地飘荡在它的 L_2 轨道上。已经离家一个半月的它将镜头对准了大熊星座中一颗恒星 HD 84406，这个大熊星座就是我们熟知的北斗星，距离地球约 258 光年，拥有全天最显著的星象。恒星 HD 84406 亮度为 6.9 等，不如北斗七星那般明亮到肉眼可见，但相对于周围环境而言，算是明亮又相对孤立的。这次被天文学家们选中来作为韦伯为期数月校准巨大主镜的目标。

　　韦伯太空望远镜宽 6.4 米，是有史以来发射到太空的最大望远镜，并于 2022 年 1 月成功部署了主镜。科学家们希望这个红外望远镜在不久的将来能够拍摄到宇宙早期的照片。这次先拍一张"第一照"，看看效果怎么样，见图 13（a）。

韦伯第一张照片

　　韦伯太空望远镜使用它的"主力仪器"——近红外相机，对准 HD 84406 拍下了它的第一张红外像，我们来看看这首张照片长什么模样？你可能端详半天也看不出名堂，只见一个一个的白点，见图 13（b），这是什么呀？不由得令人想起 31 年前哈勃太空望远镜发回的首照，难道第一张照片都失败、兄弟俩命运一样？

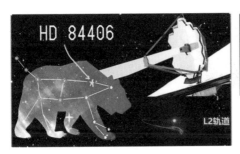

⇧ b）韦伯太空望远镜拍了 18 个白点

⇦ a）对准大熊星座的 HD84406

图 13
韦伯太空望远镜第一照

　　韦伯太空望远镜第一照与哈勃太空望远镜第一张有所不同，这张惊人的照片有 18 个模糊白点。然而这是在天文学家们意料之中的。因为韦伯太空望远镜的镜片的位置还正在调整过程中。校准过程逐步而缓慢，将历时好几个月。这时候的韦伯太空望远镜不是作为一个望远镜整体来照相，而是 18 个镜片中的每一个都聚焦于不同的位置。所以，这 18 个星点全部都是大熊座恒星 HD 84406 的"像"，是被主镜的 18 片单独镜片反射到韦伯太空望远镜的次镜，最后进入主要成像设备近红外相机而形成的。

实际上，这个看起来由许多小白点组成的简单图像，令整个团队无比兴奋，因为他们很高兴看到光线顺利进入了近红外相机（NIRCam），可以由此确认韦伯太空望远镜的红外相机已准备好收集来自天体的光。除了这个近红外相机之外，韦伯还配置了另外 3 个科学仪器：近红外光谱仪（NIRSpec）、中红外仪器（MIRI）、近红外成像和无缝摄谱仪（NIRISS）。

换句话说，这时候的韦伯太空望远镜还不是一个望远镜整体，18 个镜片中的每一个都是一台独立照相机，这时韦伯太空望远镜睁开的是 18 只眼睛，聚焦成像于 18 个不同的位置。

简单图像不简单，它们来自 25 小时捕获后得到的 54GB 数据，实际上，韦伯太空望远镜被指向了那颗恒星周围的 156 个不同位置，生成了 1,560 张图像，使用了红外相机的 10 个探测器。另外，在我们看来显得有些凌乱的 18 个光点，天文学家们有办法将它们与 18 个镜片一一对应起来。因此，这第一张照片，成为对准和聚焦望远镜的基础和工具，其中隐藏了镜片互相偏离的信息。

其实这本来就是光学团队预先安排的镜片调试过程之一。既然是太空望远镜，天上的星星当然是最好的矫正仪器。每个镜片都被一个连着计算机的伺服器所控制。科学家们让 18 个镜片转动，但分别设定了不同的角度及角速度数值，然后观察所成的 18 个像，应该是形状不同、大小各异，然后根据成像形态与转动模式的关系，便可以识别出对应的镜片。

同时，计算机还可以精确计算出每一个镜片需要如何进一步调制，将调试步骤输入程序后，伺服器就可以自动控制镜片的位移，18 个咖啡桌大小的六边形镜片将逐步移动整合成一面完整大镜子！过程缓慢、每次一点、反复循环，直到 18 幅图像变成一致，18 只小眼睛合成一只大眼睛为止！

第十章
给宇宙"考古"

"哀吾生之须臾，羡长江之无穷。"——宋·苏轼

大而言之，考古学研究人类历史，给宇宙"考古"则是研究宇宙的历史。如果化大成小的话，考古学从考察各种文物来考察历史，宇宙考古则从研究恒星及星系的演化史开始，进而研究宇宙的起源、形成、演化过程。其中，也帮助了解生命乃至人类的产生和进化过程。因此，在研究人类历史这个领域，两个完全不同的"考古"，竟然可以奇妙地走到一起！

不过，我们在本章中叙述的，不谈人类进化，只为宇宙及其中天体之演化过程"考古"。

10.1 ▪ 看到过去

银河系中心有一个超级重量的大黑洞，不久前美国宇航局还公布了刚给它拍的第一张照片。人类第一次见到银河系中心黑洞的"玉照"，不过，那倒不一定是它现在的模样，事实上，那是那个黑洞 2.7 万年前的景象！

10.1.1　能看到过去吗?

我们能看到过去的事物吗? 能，比如说，我们望太阳看到的是 8 分钟之前的她。当我们仰望织女星，看到的是她 25 年前的倩影。望得越远，观察到的是越为过去的景象。8 分钟不算什么，你相信太阳 8 分钟后仍然还在那儿一个样。就算织女星过了 25 年吧，也没啥了不起的，人生短暂但星光永恒啊! 不过当我说，这张仙女座的照片，是她 250 万年之前的模样! "现在"是否还在那儿呢? 不知道啊。你也许就会耸耸肩，报之以疑惑的目光。

这些事实难以想象、令我们迷茫，但细思后又感觉极为神奇美妙! 昨夜星辰原来不是昨夜的星辰，八九年前天狼星发出的光，伴随着今晚的月亮! 我们看到满天星空闪烁不定璀璨明亮，却分别是这些天体几分钟、几年、几万甚至几十亿年之前发出的光芒!

10.1.2　只能看到过去

也许你会说，能看见星星的过去，没法看到我们自己的过去吧？也可以啊。当你从镜子中观察自己，那就已经是过去的你了。其实我们不仅能够看到过去，还只能看到过去，看到的一切皆为过往！刚才说了，即使你从镜子中看自己，也不是现在的你，而是几个纳秒之前的你，因为你看到的光线是从镜中的相距 1 米左右的"虚像"来的。光线传播需要时间，这也就是为什么你看到也仅能看到"过去"的根本原因。与所有过去事物（包括我们自己的）相关的发射、反射的光线永远在浩瀚的宇宙中朝各种方向传播着！

1969 年 7 月 21 日，乘坐"阿波罗 11 号"登月的两名美国航天员在月球上的"静海"登陆后，将一面激光反射镜留在了月球上，目的是测量光速，用的是激光。但毋庸置疑：从月球上这面镜子中我们观测到的是地球近 3 秒钟之前的景象。

10.1.3 宇宙是时间机器吗？

于是有人说宇宙（望远镜）就像一台时间机器，将我们带入了宇宙的过去。但这和一些科幻小说中描述的能穿越的时间机器完全是两码事。看到过去不等于回到过去。回到过去的例子如祖父悖论，那种机器中的时间是可以前后来回打圈圈的，所以孙子才能穿越回到过去杀死自己的祖父，因而导致悖论也不符合因果律。

我们所在的真实宇宙，是一架充满了各种电磁波的时间记录器。看到过去，符合我们的科学理论和观测事实。我们的理论既有相对论，也有热力学。根据热力学的熵增加原理，真实宇宙的时间箭头是有方向的，不会打圈倒头。因此，我们无法回到过去，至少目前看来如此。

什么是宇宙？

能让时间回头的机器仅是幻想，但宇宙中的波动所记录的时空却货真价实。

看到过去是符合我们的科学理论和我们所见宇宙的观测事实和规律的。而回到过去则违反因果律。起码迄今为止我们还没有观察到任何不符合因果律的宏观现象。看到过去，并且只能看到过去。

望远镜让我们得以看到宇宙这台时光记录仪记录下来的各种景象，使我们能观测已经过去了很长很长时间的天体。我们看到的一些恒星，可能早就在茫茫宇宙中消亡，但从它传出的光线还在不断传播，在宇宙中永无休止地回荡。

宇宙记录了它自己所有的过去，望远镜使我们还原宇宙各个时刻的历史，其中也包括我们的银河系、太阳、地球的影像。不过，我们研究太阳系的历史，并不一定要看到太阳自己，就像你想知道你从出生到成长的过程，并不需要研究你自己，研究其他胎儿就可以。

因为所有的"人"都有他们的共性。生物学家进行细胞研究也是这样，观测一次用多细胞进行的试验过程，便了解了细胞分裂生长变化的每个阶段。

况且，宇宙演化的各个阶段中本来就包括了生命起源及进化到高等生物以至人类的全过程。天文学家由观测结果，可以推断宇宙的过去和未来。研究宇宙的过去可以帮助探寻天体是如何进化的，弄清楚生命和宇宙的起源和进化之奥秘。

谈天说地

恒星的生命周期长达数十上百亿年，比我们个人的寿命不知道大了多少倍。恒星的进化过程缓慢，我们看到的太阳天天如此，年年如此，世世代代也都似乎如此。如果仅仅从太阳这一个恒星的观测数据，如何验证我们对太阳生命周期（大约一百多亿年）的描述呢？任何人的一生中，都无法观察到太阳过去的诞生过程，也无法看到它变成红巨星以至白矮星时候的模样，我们所能看到的，只不过是太阳生命过程中一段极其微小的窗口。

然而，宇宙中除了太阳之外，还有许多各种各样的恒星，有的与太阳十分相似，有的则迥然不同。它们分别处于生命的不同时期，有刚刚诞生的"婴儿"，有和太阳类似的青年、中年或壮年恒星，也有短暂但发出强光的红巨星和超新星，还有走到了生命尽头的"耄耋之辈"：白矮星、中子星、黑洞。观测研究这些形形色色的、处于不同生命阶段的恒星，便能给予我们丰富的实验资料，不但能归纳得到太阳的演化过程，还可用以研究其他天体的演化，星系的演化，以至宇宙的演化。

10.2 ▪ 天体的生命历程

为了使得天文学家们能够更为方便地研究宇宙中的恒星、星系等天体的形成和演化过程，验证他们建立的理论模型，哈勃太空望远镜、韦伯太空望远镜以及人类发射的各类太空望远镜，拍摄了天体在生命周期各个阶段的大量照片。

例如，我们在"4.5.2 引力塌缩"一节中介绍过有关恒星生命周期的理论研究，这个演化过程已经被多次天文观察结果所证实。下面举几个捕捉到恒星演化中不同阶段影像的例子。

恒星是从气体和尘埃云中诞生的，这些气体和尘埃在自身的引力作用下坍塌，形成一个致密、炽热的核心并开始聚集尘埃和气体，形成一个名为"原恒星"的物体。下面是2021年，哈勃望远镜在反射星云 IC 2631 中捕获了一颗原恒星时拍摄的红外图像。

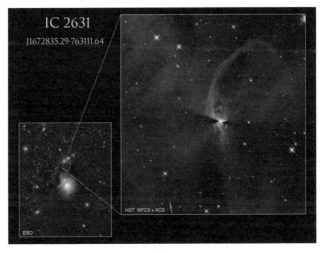

图 1
哈勃（望远镜）拍到的原恒星

哈勃太空望远镜的目标是分子云中的 312 颗原恒星，之前由斯皮策和赫歇尔红外空间天文台确定。原恒星主要在红外光下可见，因为它们会释放大量热能，这颗原恒星也被主要工作在可见光波段的哈勃太空望远镜捕捉到。

原恒星，再逐渐演化到主序前星。主序前星经常都有原行星盘环绕着，并且主要的能量来源仍然是重力收缩，之后才演化成比较稳定的进行热核反应的主序星阶段，如同我们太阳现在的状态。科学家们在天文观测中也证实了主序前星的存在。例如哈勃太空望远镜的数据证实了南十字座的主要恒星之一 HD 106906，是一颗光谱类型F的主序前星，质量为太阳的1.5倍。

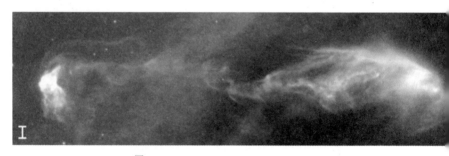

图 2
哈勃太空望远镜拍到的主序前星

图 2 是哈勃太空望远镜拍摄的赫比格 - 阿罗天体（一类发射星云）中极向可见的显著喷流，这是主序前星尚未开始核燃烧时的早期形式。

主序前星结束后，便进入很长的主序星阶段，主序星占整个恒星生命周期的90%，这个阶段发出大量的可见光，这正是我们太阳所处的状态，因此，对这类恒星，天文学家们有比原恒星及主序前星更为丰富得多的资料。

根据引力塌缩理论，不同质量的恒星，由钱德拉极限决定它们不同的归宿，最终将成为白矮星、中子星或黑洞三者之一。有趣的是，恒星不甘心默默无闻地死去，在寿终正寝之前，都会变成红巨星或超新星，接着来一个大爆发！对此类过程，望远镜也拍摄了大量的照片，如图3、图4所示。

图 3

美国宇航局哈勃太空望远镜拍摄到的 NGC 5307 行星状星云。即将寿终正寝

例如，哈勃太空望远镜等捕捉到猎户座红色超巨星参宿四，近几年经历了一次大规模恒星爆发，见图4。

参宿四位于猎户座右上角，像红色宝石一样闪闪发光。2019 年，这颗恒星经历了一次意外的变暗，因而引起人们注意。2020 年，这颗超巨星继续变暗。

2022 年，天文学家分析了来自美国宇航局的哈勃太空望远镜和其他天文台的数据。他们认为这颗恒星经历了一次巨大的表面质量喷射，以致于失去其可见表面的很大一部分。

太阳日冕也是一种表面质量喷射，但是参宿四经历的表面质量抛射所释放的质量是太阳典型日冕质量抛射的四千多亿倍。天文学家们说，人类从未见过如此大的喷射，对于这一现象也还"不完全了解"。

| 2019 年 1—3 月 | 2019 年 9—11 月 | 2020 年 1—2 月 | 2020 年 3 月 |

图 4
参宿四的喷射

10.3 ▪ 望向深空

除了研究恒星及星系的演化过程，望远镜也帮助科学家们研究宇宙的演化过程。为此，哈勃太空望远镜拍摄了一系列宇宙的深空照片，如哈勃深空、哈勃超深空、哈勃极深空等等，这些照片探索宇宙的过去。

当我们将望远镜的镜头指向空中的某一个方向时，例如图 5 所示的哈勃深空和哈勃超深空拍摄方法，我们会看到很多颗星星。这些星星距离我们有远有近。之前说了，因为光的传播需要时间，所以我们看到的星星并不是它们当前的模样！观测太阳月亮的延迟时间很短，我们习惯于将它们就当成是"现在的"太阳月亮，实际上这段时间太阳月亮基本上也没发生什么大的变化。但是，如果我们将这个概念用于遥远的星球，就会得到一些有趣的结论。也就是说，我们看见的是这个星星的"过去"，或者是这个位置上"过去"的星星！八分钟前的"过去"不必大惊小怪，但十年，千年，亿年前的"过去"，那就非同小可了！

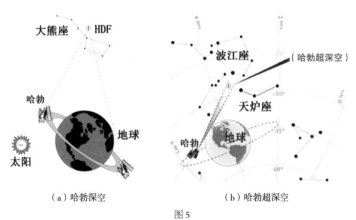

（a）哈勃深空　　　　　　　　（b）哈勃超深空

图 5
哈勃深空和哈勃超深空的拍摄位置

人类从地面上用肉眼观察天象，看到的也是星星的过去。不过，一来我们的眼睛测量不了星星的距离，不知道是多久前的"过去"，二来，人眼观测能力有限，太暗淡的星星就看不见了。而哈勃望远镜得以在无光害、无大气干扰的外太空中观测宇宙天体，能更精确地捕捉人类肉眼无法辨识的微弱星光，使得人类探索宇宙的眼睛有了更广阔的视野。换言之，如哈勃这样的太空望远镜，能够穿越时间的隧道，去探索宇宙遥远的过去。

哈勃深空[10]（HDF）便是一张由哈勃于 1995 年所拍摄的夜空影像。拍摄位置在大熊座中一个很小的区域（仅 144 角秒）。图 5 显示了拍摄镜头所指的位置，我们没有展示美国宇航局发布的照片，因为肉眼是很难从这样的影像中看出名堂的，不过看到一些密密麻麻各种亮度的星星而已。整张影像是由哈勃望远镜进行 342 次曝光叠加而成，拍摄时间连续了 10天。哈勃深空所包含的区域几乎没有银河系内的恒星，可见的3,000 多个物体全部都是极遥远的星系。

哈勃深空深入到哪里去？太奇妙了，遥望太空，却能穿越时间的隧道，回望宇宙的过去！图 6 最左边表示宇宙的起点，

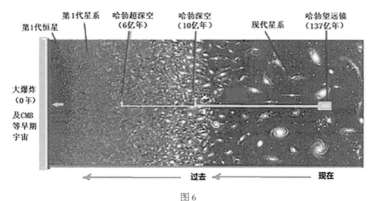

图 6
哈勃深空

大爆炸及早期宇宙演化，之后，产生了第一代恒星，第一代星系，现代星系形成，再后来，星系群、星系团、超星系团等大结构形成……图 6 中可见，哈勃超深空深入到了大爆炸后 6 亿年左右。

继拍摄了哈勃深空之后，1998 年，又以类似方式拍摄了哈勃南天深空。2003 年拍摄的哈勃超深空（HUDF），拍摄位置见图 5，进行了 113 天的曝光，影像中估计有 10,000 个星系，显示的是超过 130 亿年前的"过去"。2012 年，美国宇航局又公布了一张哈勃极深空（XDF）。这些是天文学家目前用可见光能获得的最深入的太空影像。

10.4 ▪ 韦伯太空望远镜最新成果

韦伯太空望远镜具有非凡的灵敏度，例如可以探测到月球上一只大黄蜂发出的热量。其次，它的图像非常清晰，相当于拍到 40 千米外的一分钱硬币。此外，韦伯太空望远镜不同于哈勃太空望远镜，它不是工作在可见光范围。但它有很强的红外探测能力，可以探测较宽的波长范围。下面就以韦伯太空望远镜最初发布的几幅图像为例，与哈勃太空望远镜的结果进行简单比较。

▪ 船底座星云

这个被美国宇航局称为"宇宙悬崖"的结构实际上是 NGC 3324（船底座星云）的内部边缘。它距离地球几千光年。它就在我们的银河系中，是恒星在我们星系里诞生的地方。

图 7

船底座星云（上图为哈勃太空望远镜返回图像，下图为韦伯太空望远镜返回图像）

　　得益于其红外视觉，底部的"韦伯"图像首次揭示了许多在可见光照片中完全隐藏的新的恒星密集区域和单个恒星，这些小恒星在尘埃中闪闪发光，其中最年轻的恒星在云层最黑暗的地方以红点的形式显现出来。

　　图 7 中有两个过程正在发生。在图像的底部，我们看到都是棕色的尘埃物质，它们是形成恒星的原料的一部分，恒星正在那里形成。但在清澈的蓝色上部，恒星已经形成。比太阳质

量大得多的恒星已经开始侵蚀掉棕色物质。

· 南环星云

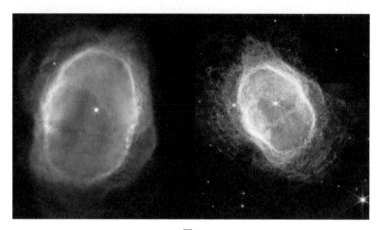

图 8

南环星云。左边是"哈勃"图像，右边是"韦伯"图像

南环星云编号是 NGC 3132，它是由一颗垂死的恒星抛出的膨胀气体云，距离地球约 2500 光年。产生气体云的是中心那颗明亮恒星旁边一颗较暗淡的恒星。左边的图片是 1998 年哈勃拍摄的，右边的韦伯图像在分辨率上有了明显提升，使云层的细节成为清晰的焦点，并揭示出那颗较暗的恒星实际上被笼罩在它自己的小灰尘云中。

· 斯蒂芬五重奏

这个由五个星系组成的星系团，被称为"斯蒂芬五重奏"，似乎显示了五个星系在宇宙中的"舞蹈"。然而应该注意的是，最左边的星系实际上并不在其他星系附近——它比其他星系离地球更近 2.5 亿光年。它只是碰巧在同一片天空中。

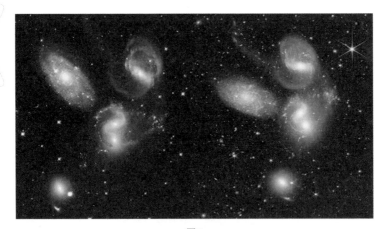

图 9

斯蒂芬五重奏。左边是"哈勃"图像，右边是"韦伯"图像

"韦伯"图像更详细，核心处有超大质量黑洞在吞噬尘埃和气体，每个星系的中心都有明显的亮点。

这也是韦伯太空望远镜最大的图像，它是由近 1000 个文件组成的拼接图像，由超过 1.5 亿个像素组成，覆盖面积约为月球直径的五分之一。

· **SMACS 0723**

这是韦伯太空望远镜的第一张深空图像，比哈勃太空望远镜更深入地凝视时空。

在左边"哈勃"图像中的许多微弱恒星和星系，在"韦伯"图像中变得光芒四射。在韦伯太空望远镜的图像中，引力透镜效应也更加清晰，在画面中心可以看到一个圆形的光晕。该星团的质量以其巨大的引力在物理上扭曲了时空结构，弯曲并放大了它背后其他来源的光线。韦伯太空望远镜将能够利用这种效应，更深入地窥视太空，更深入地追溯时间。

韦伯太空望远镜的极限在接下来的十年里，将会有更多新的发现。

图 10

SMACS 0723 星系团，左边是"哈勃"图像，右边是"韦伯"图像

"其大无外，其小无内。"

——唐 白居易

第三篇

时空边缘

PART 3

谈天说地

宇宙逍遥

第十一章
探测黑洞

"黑洞深藏避网罗。"——唐·白居易

11.1 ▪ 黑洞物理

其实本书中已经多次提到黑洞，本节中我们从物理学的角度给予它们一个简要系统的描述。黑洞可以说是宇宙太空中最神秘的天体，不仅涉及广义相对论，也与量子理论密切相关，实际上，因为人类对黑洞的认识还不足够，所以，在物理的不同领域中对黑洞的理解也稍有不同。

物理学中对黑洞的认知经历了好几个阶段，可以分别有不同的理解：牛顿力学时期、作为广义相对论的奇点解、结合量子物理、天文学中的天体。在前面三种情况，黑洞都是作为某种数学对象来研究，是从理论上探讨黑洞的性质，而最后一条：作为"天文学中天体"的黑洞，则是被天文观测探测到的真实存在的天体，这些天体之行为不一定完全符合理论模型。

黑洞 1

11.1.1　牛顿力学中的"暗星"

虽然黑洞是爱因斯坦广义相对论理论的预言之一，但爱因斯坦生前完全不认为宇宙中真的会有此类天体存在。

此外，尽管黑洞一词是由约翰·惠勒在 1968 年才命名的，但相似的概念却早就被广义相对论之前 200 多年的几位科学家根据牛顿物理规律提出来了。拉普拉斯给这类天体取了个名字：暗星。

科学家们的想象力无边无际。你可能没想到，最早预言黑洞（暗星）存在的人是一位英国牧师约翰·米歇尔（John Michell，1724—1793）。这位牧师很不简单，他同时也是有极高科学素养和独特科学思想的自然科学家。他对包括天文、地质、光学和引力在内的广泛科学领域提出了开创性的见解。他被认为是"有史以来最伟大的无名科学家"之一。米歇尔很多突破性的、原创性的科学想法大大超前于他的时代，难以得到发展和推广，因此无人知晓，最后只能在默默无闻中消逝，直至一个多世纪后被重新发明出来。他是第一个提出暗星和第一个提出地震以波传播的人。

米歇尔在 1783 年写给卡文迪许的一封信中，提出有质量大到连光都无法逃离之天体的想法（次年发表在《自然科学会报》）。并且，米歇尔对这种天体的密度也进行了简单的估算。

　　法国著名天文学家和数学家拉普拉斯（Laplace，1749—1827）也很早就描述类似的"光不能逃逸"的天体的概念，并且将其称为"暗星"。在牛顿力学的框架下，可以如此理解黑洞："逃逸速度"超过光速的天体，就叫作黑洞！

　　因为根据牛顿力学，每个天体都可以算出一个物体可以逃离它的最小速度，即逃逸速度。从日常生活经验我们知道，当上抛一个物体，用的力气越大，就能使它得到更大的初速度，将它抛得越高，它最后返回地球的时间也就越长，如图 1 左图所示。

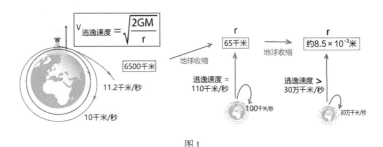

图 1
物体（地球）的逃逸速度随其密度变化

　　从图 1 右图可见，天体的逃逸速度与天体的质量、天体的半径有关。简单地使用万有引力定律就可以得出它的计算公式：逃逸速度的平方与质量成正比，与半径成反比。那么，如果我们假设地球的质量是一个固定的数字，而由于某种原因，它的半径却不断地缩小又缩小，好像是将一个弹性橡皮球使劲压缩进一个越来越小的空间中，而逃逸这个天体所需要的速度则会越来越大。当地球的半径是 6500 千米，逃逸速度是 11 千米／秒（第二宇宙速度），如果地球半径成为 65 千米的话，逃逸速度将是 110 千米 / 秒。当地球的半径缩小到大约三分之一英寸（约 8.5×10^{-3} 米）时，逃逸速度便增加到了光速的数值。我们都知道，任何实物和信息都不能跑得比光还快，因此，对那么一个装下了整个地球质量的弹子球而言，任何事物，即使是光，也不能逃离它。如此一来，这样的"地球"就转化成了一个黑洞！

11.1.2 广义相对论的黑洞

广义相对论的黑洞，其物理意义与上面拉普拉斯等描述的"暗星"完全不是一码事，但某些计算结果吻合。

一般情形下，爱因斯坦的场方程无法求解，但在某些特殊条件下可以解出。1915 年 12 月，在爱因斯坦刚刚发表广义相对论 1 个月后，德国天文学家卡尔·史瓦西（Karl Schwarzschild，1873—1916）即得到了能量 – 动量张量为球对称情形下爱因斯坦场方程的精确解。可叹的是当时正值第一次世界大战，史瓦西参加了德国军队，正在俄国服役。史瓦西把他的计算寄给了爱因斯坦，但还没有来得及看到他的论文发表，史瓦西就因为在战壕中染病而过世了，结束了他仅 42 岁的生命，也过早结束了他的学术生涯。不过，以他的名字命名的"史瓦西度规"和"史瓦西半径"永久地和黑洞连在了一起。史瓦西的精确解算出，如果某天体全部质量都压缩到很小的"引力半径"范围之内，所有物质、能量（包括光线）都被囚禁在内，从外界看，这天体就是绝对黑暗的存在，也就是"黑洞"。虽然早在 1917 年，史瓦西就构造出了此类时空"奇点"的数学结构，但只在惠勒赋予了它们"黑洞"这个通俗易懂的名词之后，黑洞才为广大公众所知晓，并且很快成为了许多科幻小说和电影的热门题材。

从史瓦西解可以得到与黑洞形成有关的史瓦西半径，这个表征黑洞的特别参数后来被称为黑洞的事件视界。后来人们又得到更多的引力场方程的精确解，基本黑洞的种类也增多，如克尔－纽曼黑洞等。

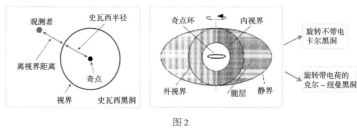

图 2

（a）史瓦西黑洞 （b）克尔－纽曼黑洞

史瓦西黑洞有最简单的数学模型：一个质量密度无穷大的奇点，被一个半径等于史瓦西半径的事件视界围绕着，如图 2（a）所示。稍微复杂一点，如果所考虑的天体有一个旋转轴，天体具有旋转角动量，这时候得到的引力场方程的解叫作克尔度规。克尔度规有内视界和外视界两个视界，奇点也从一个孤立点变成了一个环。比克尔度规再复杂一点的引力场方程之解，称为克尔－纽曼度规，是当天体除了旋转之外还具有电荷时而得到的时空度规。对应于这几种不同的度规，也就有了 4 种不同的黑洞：无电荷不旋转的史瓦西黑洞；带电荷不旋转的纽曼黑洞；旋转但无电荷的克尔黑洞；既旋转又带电的克尔－纽曼黑洞〔图 2（b）〕。

广义相对论不仅能计算出黑洞的事件视界，还预言了在黑洞的事件视界之内，时空的种种奇怪性质。这仅举史瓦西黑洞一个有趣的例子予以说明。

设想艾丽丝和鲍勃一同坐着宇宙飞船旅行到了黑洞附近。悲剧突然发生了：勇敢却又莽撞的艾丽丝掉进了黑洞，而将一筹莫展的鲍勃留在了事件边界之外，如图3所示。根据广义相对论的结论，有关艾丽丝在到达奇点之前的情况，黑洞外的观察者鲍勃看到的，和艾丽丝自己感受到的，完全不同。鲍勃看到艾丽丝越来越接近视界，并且是越来越慢地接近视界，而且，她的消息传过来花费的时间也越来越长，越来越长，最后变成无限长，也就等于没有了消息。而掉进了黑洞事件视界的爱丽丝，却对自己的危险浑然不知，没有什么特殊的感受，始终快乐地作为自由落体飘浮着，完全不知道自己已经穿过了黑洞的边界，再也回不去了！直到后来，她真正靠近了黑洞中心

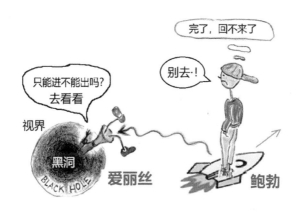

图3
史瓦西黑洞

谈天说地

走近宇宙的现场

的那个奇点，不过那时候很可悲，她还来不及思考，就被四分五裂了。

实际上，图2所描述的几种黑洞，都非常简单。简单到主要就是一个半径和被该半径包围着的一个奇点。因为在这个半径以内，外界无法得知其中的任何细节，我们将其称之为黑洞的"视界"。视界就是"地平线"的意思，当夜幕降临，太阳落到了地平线之下，太阳依然存在，只是我们看不见它而已。

这些黑洞都是人们根据引力场方程得到的精确解，但爱因斯坦不认为宇宙中会真有黑洞，在1939年，爱因斯坦还曾经发表一篇与广义相对论相关的计算文章，解释史瓦西黑洞在宇宙空间中不可能真实存在。尽管如此，人们还是固执地将"引力波、黑洞"这两项预言的荣耀光环戴在他的头上，因为这是从他的广义相对论理论导出的必然结果。爱因斯坦去世后，黑洞研究风行一时，开始了黑洞研究的黄金时代。活跃在当年的"黑洞研究"学术界的，是三位主要的带头人和他们的徒子徒孙。这三位物理学家是美国的惠勒（John Wheeler，1911—2008）、苏联的泽尔多维奇（Yakov Borisovich Zel'dovich，1914—1987）和英国的夏玛（Dennis ciama，1926—1999）。惠勒是诺贝尔奖得主费曼的老师，夏玛是霍金的指导教师。

为了使对黑洞的表述简单些，为黑洞命名的惠勒还提出了一个"黑洞无毛定理"，见图4。意思是说，无论什么样的天体，一旦塌缩成为黑洞，它就只剩下电荷、质量和角动量三个最基本的性质。质量 M 产生黑洞的视界；角动量 L 是旋转黑洞的特征，在其周围空间产生涡旋；电荷 Q 在黑洞周围发射出电力线，这三个物理守恒量唯一地确定了黑洞的性质。因此，也有人将此定理戏称为"黑洞三毛定理"[11]。

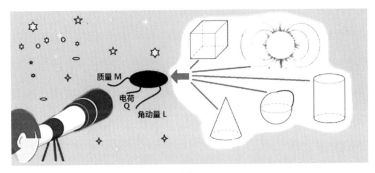

图 4
黑洞无毛定理

物理规律用数学模型来描述时，往往使用尽量少的参数来简化它。但这儿的"黑洞三毛"有所不同。"三毛"并不是对黑洞性质的近似和简化，而是经典黑洞只有这唯一的三个性质。原来天体的各种形状（立方体、锥体、柱体）、大小、磁场分布、物质构成的种类等等，都在引力塌缩的过程中丢失了。对黑洞视界之外的观察者而言，只能看到这三个（质量、角动

走近宇宙的现场
谈天说地

量、电荷）物理性质。

11.1.3 黑洞和量子力学

上面介绍的"无毛"黑洞，是不考虑量子效应的。如果从热力学和量子的观点来考察黑洞，情况就会复杂多了，"毛"就多了起来！

雅各布·贝肯斯坦（Jacob Bekenstein，1947—2015）是惠勒的学生，他首先注意到黑洞物理学中某些性质与热力学方程的相似性。特别在 1972 年，史蒂芬·霍金证明了黑洞视界的表面积永不会减少的定律之后，贝肯斯坦提出了黑洞熵的概念，他认为，既然黑洞的视界表面积只能增加不会减少，这点与热力学中熵的性质一致，因此，便可以用视界表面积来量度黑洞的熵。

这在当时被认为是一个疯狂的想法，遭到所有黑洞专家的反对，因为当年的专家们都确信"黑洞无毛"，可以被三个简单的参数所唯一确定，那么，黑洞与代表随机性的"熵"应该扯不上任何关系！唯一支持贝肯斯坦疯狂想法的黑洞专家是他的指导教师惠勒。

于是，贝肯斯坦在老师的支持下建立了黑洞熵的概念[12]。然而随之带来一个新问题：如果黑洞具有熵，那它也应该具有温度，如果有温度，即使这个温度再低，也就会产生热辐射。其实这是一个很自然的逻辑推论，但好像与事实不符。不是说任何物质都无法逃逸黑洞吗？怎么又可能会有辐射呢？这就需要与量子效应联系起来解释。于是，在这个关键时刻霍金登场了。

其实，最早认识到黑洞会产生辐射的人并不是霍金，而是苏联的泽尔多维奇，但霍金从与贝肯斯坦的战斗中，以及泽尔多维奇等人的工作中吸取了营养，得到启发，意识到这是一个将广义相对论与量子理论融合在一起的一个开端。于是，霍金进行了一系列的计算，最后承认了贝肯斯坦"表面积即熵"的观念，提出了著名的霍金辐射[13]。

霍金辐射产生的物理机制是黑洞视界周围时空中的真空量子涨落。根据量子力学原理，在黑洞事件边界附近，量子涨落效应必然会产生出许多虚粒子对。这些粒子反粒子对的命运有三种情形：一对粒子都飞离视界，最后可能相互湮灭；一对粒子都掉入黑洞；第三种情形是最有趣的：一对正反粒子中的一个掉进黑洞，再也出不来，而另一个则飞离黑洞到远处，形成霍金辐射。这些逃离黑洞引力的粒子将带走一部分质量，从而造成黑洞质量的损失，使其逐渐收缩并最终"蒸发"消失。见示意图5。

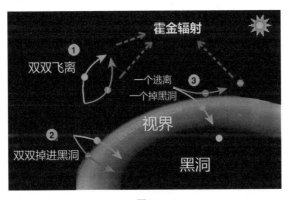

图5
真空涨落出现虚粒子对产生霍金辐射

走近宇宙的现场

谈天说地

霍金辐射导致所谓"信息丢失悖论"，对此，专家学者们至今仍旧在不断地争论和探讨。首先，黑洞由天体塌缩而形成，形成后能将周围的一切物体全部吸引进去，因而黑洞中包括了原来天体大量的信息。而根据"霍金辐射"的形成机制，辐射是由于周围时空真空涨落而随机产生的，所以并不包含黑洞中任何原有的信息。但是，这种没有任何信息的辐射最后却导致了黑洞的蒸发消失，那么，原来天体的信息也都随着黑洞蒸发而全部丢失了。可是量子力学认为信息不会莫名其妙地消失。这就造成了黑洞的信息悖论。

此外，形成"霍金辐射"的一对粒子是互相纠缠的。处于量子纠缠态的两个粒子，无论相隔多远，都会相互纠缠，即使现在一个粒子穿过了黑洞的事件视界，另一个飞向天边，似乎也没有理由改变它们的纠缠状态。

量子力学和相对论是 20 世纪物理学的两项重大成果。100 年左右的历史中，大量实验事实和天文观测资料分别在微观和宏观世界验证了这两个理论的正确性。然而，当这两个理论碰到一起的场合，却总是水火不相容，其中的根本原因，都得归罪于"引力"这个桀骜不驯的家伙。从 1687 年牛顿发表万有引力定律，到爱因斯坦 1915 年的广义相对论，直到现在……几十上百年来，一代又一代的理论物理学家们，倾注了无数心血，花费了宝贵光阴，至今仍然对它的本质知之甚少，难以驾驭。所幸的是，需要同时用到两个理论来解决引力问题的场合不多，可以说是非常之少。在研究宇宙和天体运动的大范围内，广义相对论可用于解决引力问题，而在量子理论大显神通的微观世界中，引力非常微弱，大多数情况都可以对其效应不予考虑。然而，有两个例外的情况，必须既要用到量子力学，又要应用引力理论。它们之中的一个是宇宙的开始时刻，即大爆炸的起点；另一个就是黑洞。在这两种情况下，尚未被物理学家统一在一起的引力和量子，便打起架来了。只有当有了一个能将广义相对论与量子理论两者统一起来的引力理论，才能真正解决黑洞的许多本质问题。

11.1.4　天文学的黑洞

虽然在理论上，黑洞还有许多问题尚待解决，但天文观测中，已经找到不少黑洞或黑洞的"候选者"。

黑洞按其质量大小可分为三类：超重黑洞、恒星黑洞、微型黑洞。

超重黑洞的质量巨大，可以是太阳质量的几百万到几百亿倍，天文观测资料证明，许多星系的中心，都是一个巨大的超重黑洞。比如说，我们所在的银河系的中心，被称作是人马座A* 的位置，就可能是一个质量大约等于 400 万个太阳质量的超重黑洞。微型黑洞则恰恰相反，质量很小，小到可以和微观世界的基本粒子相比较，必须用量子理论来研究它的规律，因而也被称为量子黑洞或迷你黑洞。恒星黑洞则可顾名思义，其质量大小与恒星的质量大小相当。

超重黑洞和恒星黑洞在宇宙中存在，已经被天文观测所证实。量子黑洞谁也没见过，还只能算是一种理论假设，科学家们认为它们有可能会产生于宇宙大爆炸的初期，或者是大型强子对撞机的粒子反应中，但至今尚未被观测到，还需等待实验的证实。

恒星黑洞不仅仅质量与恒星相当，实际上就是恒星经过"引力塌缩"演化的最终结局。

11.2 ▪ 探测黑洞

自古以来，人类便十分敬畏头顶上的星空。那儿隐藏着无数宇宙的秘密，包括了数不清的亮星，也暗藏着看不见的黑洞……

广义相对论有三个重大的预言：宇宙膨胀、黑洞、引力波，爱因斯坦都不相信它们真实存在。爱因斯坦直到 1955 年去世为止，一直不相信宇宙中真有黑洞。因此，黑洞是爱因斯坦理论的预言，却不是爱因斯坦本人的预言。

然而，天文学 100 年来的进展，越来越证实黑洞的存在。除了量子级别的极小黑洞尚未被发现，恒星级黑洞和超大黑洞都已经被多次观察到。

德国物理学家史瓦西从广义相对论得到"史瓦西黑洞"解。之后，印度物理学家钱德拉塞卡以及美国物理学家奥本海默对引力塌缩的研究得到预言：大于 8 个太阳质量的恒星，当热核物质烧完后，引力塌缩可能形成三种天体，黑洞是其一。

恒星归宿的三种天体中，白矮星早在 1910 年就被发现，中子星也在 1967 年被发现了。于是，20 世纪六七十年代，天文学家们开始在天空中寻找黑洞。茫茫宇宙中，黑洞在哪里呢？黑洞不发光、

黑洞 2

不辐射，便不能被看见，那么应该如何来寻找它们？最后，人们把寻找的目标指向了一明一暗的双星系统。双星系统是太空天体中一个有趣的现象。不仅仅人类社会成双结对，恒星也喜欢找一个"舞伴"，共同牵手在太空中翩翩起舞。十分有趣的是，亮星和黑洞也经常配成对。如果一个黑洞与另一颗星结成了双星，那就好了！我们看不见黑洞，总看得见它亮丽的舞伴吧。这个舞伴的运动会被黑洞所影响，顺藤摸瓜，便能找到这个看不见的伴侣的信息，由此又可以进一步判定它是不是一个黑洞。这个有趣的事实，令天文学家们不由发出感叹：众里寻他千百度，原来黑洞就藏在亮星处。

还不仅仅如此。观测双星系统时，不仅能观测到更为明亮的那一颗，也能观察到"看不见的舞伴"辐射出来的某些东西。即使是黑洞，虽然在它的视界之内不会有任何物体逃脱，但在它的视界之外却能观测到辐射现象。

第一个恒星黑洞，便是在探测 X 射线源时被偶然发现于一个双星系统。说偶然也不偶然，X 射线源、双星，这些其实都和黑洞的特点有关。我们依赖接受来自天体的辐射，寻找星星探月观天。辐射除了可见光之外，还有射电波、X 射线、伽玛射线。

火箭把人带上了太空，科学家们能够更为方便地到太空探测

X 射线。1962 年，美国天文学家贾科尼（Riccardo Giacconi，1931—）利用探空火箭进行全天的 X 射线扫描。1970 年，贾科尼在天鹅座的一颗蓝巨星（HDE226868）处发现一个很强的 X 射线源。进一步研究蓝巨星的运动，发现它不是单身，还有一个暗藏的舞伴！

进一步的观测发现：强大的 X 射线不是来自蓝巨星而是来自它的舞伴！最后结果更令科学家们兴奋不已：原来蓝巨星与一个黑洞共同牵手舞姿翩翩！蓝巨星质量约 20~40 倍太阳质量，舞伴 8~20 倍太阳质量，都超过了形成黑洞的极限。天鹅座 X-1 黑洞视界半径约为 26 千米，离我们 6000 光年。

贾科尼后来获得 2002 年的诺贝尔物理学奖，正是因为他对 X 射线天文学的研究，也包括对人类第一次发现黑洞（天鹅座 X-1）的贡献！

凡事开头难，找到第一便有第二，不过寻找黑洞至今仍然困难。科学家估计银河系内的恒星黑洞总数应有几百万，但目前能够确定为黑洞或候选者的天体却只有寥寥几十个被发现。

因此，尽管黑洞本身不能被看见，但它们附近发生许多有趣现象可以被观察到。例如，许多黑洞出现在双星系统，喷流和吸积盘现象很常见。正如贾科尼发现的这第一个恒星黑洞：蓝色超巨星物质不停地流向它的同伴天鹅座 X-1。就像是被一股"妖风"吹过去似的，使得超巨星形状如"液滴"一般。物质旋转角动量足够大时，便在黑洞周围积累和弥散，形成吸积盘。吸积盘中的物质被黑洞强大引力吸引下落，释放出大量能量，在临近中心地方产生垂直于盘面的漏斗状喷流。喷流中高能电子摩擦吸积盘中气体，将其加热到很高温度导致辐射，黑洞产生的热辐射温度达到 10^6 开尔文时，可发出 X 射线，如图 6 所示。

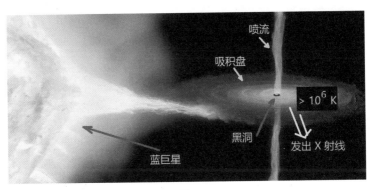

图 6
蓝巨星和黑洞双星系统

霍金的名字也经常与黑洞连在一起，造成错觉，人们以为他发现了黑洞。黑洞发现者不是霍金，他只是研究黑洞理论的一连串理论物理学家之一。从爱因斯坦方程，到史瓦西解，到贝肯斯坦熵，再到霍金辐射、彭罗斯奇点，等等。

第一次观察到天鹅座 X−1 可能是黑洞时，霍金便与基普·索恩打赌，霍金赌天鹅座 X−1 不是一颗黑洞，索恩则相反。两人以互订杂志为赌注：如果霍金赢，索恩给他订 4 年《侦探》，反之，霍金给索恩订 1 年《阁楼》。

实际上当时，两位学者都知道天鹅座有 80% 的可能性是黑洞，但这是霍金采取的打赌的"保险措施"。因为他无论输赢都高兴，赢了得杂志，输了则证明了一连串科学家的理论，也包括他的贡献。

后来，观测证据显示这个系统中存在着引力奇点，的确是一个黑洞。霍金承认打赌失败，给索恩订了一年杂志，还大张旗鼓地按手印"认输"，但他打心眼里高兴，因为这是黑洞物理理论的第一个观测证据。

图 7
霍金与索恩打赌

11.3 ▪ 第一张黑洞照

除了恒星黑洞外，有确切的观察证据表明银河系中心是一个质量为大约 431 万倍太阳质量的超大质量黑洞。天文学家认为，这种超大质量黑洞在星系中心普遍存在。

爱因斯坦生前不相信黑洞真实存在，他去世十来年后发现的第一个恒星黑洞，约 8.7 倍太阳质量，可能令他吃惊和高兴。但当他听到星系中有超重黑洞，人类还给这种为太阳质量 65 亿倍的巨无霸拍了照片时，天堂里的他会怎么想呢？

黑洞照片

科学家们不仅确定了宇宙中存在超大黑洞，还公布了第一张黑洞照片，再一次证明了爱因斯坦的神预言！超大黑洞存在于星系中心，在我们的银河系中心处，人马座 A* 就是一个黑洞。

科学家们判定黑洞，只是间接地从它对周边物体产生的效应，很难有直接证据。例如，2019 年之前从来没给它们拍过照片，为什么呢？

都说眼见为实，看不见黑洞总能看见它周围围绕着的东西吧，有张照片也好啊！给黑洞拍照很困难，主要原因是它们太小了！

你可能会感觉奇怪，名曰"超大黑洞"，怎么还会"太小"？

然而，事实就是如此！黑洞之"超大"是质量，"太小"则是它的视界半径对我们构成的"视角"。

我们能看见物体，一是要接收到足够强的信号，二是要有足够大的视角。

离得太远使得信号太弱；如视角太小则无法分辨细节，再亮也只能看到一个光点。

黑洞吸收一切，因此无亮度，接收到的信号之强弱，取决于周边气体吸积盘的辐射。视角，是取决于距离及物体的大小，见图 8。例如，月球距地球 $d=40$ 万千米，月球直径 3400 千米，可计算出月面视角约为 0.5 度。

走近宇宙的现场

谈天说地

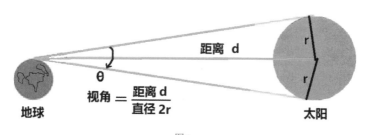

图 8
观察天体时的视角

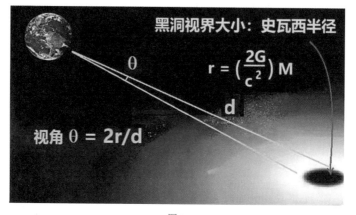

图 9
黑洞的视角

再拿第一个恒星黑洞天鹅座 X–1 的数据来看看：它距离地球 6000 光年，而表征黑洞大小的只有一个参数，就是它的视界，与质量成正比的史瓦西半径。天鹅座 X–1 的视界大小是 26 千米，由此可算出，天鹅座 X–1 黑洞的视角只有月面视角的 10 亿万分之一（10^{-13}）。

第一个恒星黑洞的视角太小，现有技术不可能拍出它的照片，因此人们将黑洞照的目标指向了超大黑洞。超大质量黑洞的质量是太阳质量的 10^5 到 10^9 倍，视界比恒星黑洞大多了。

天文学家首先将黑洞照片的拍摄目标集中于室女座中心的星系 M87，这个名字是历史上留下的原因，意思是它是 18 世纪的法国天文学家梅西耶编制的星云表中的第 87 位。当年的梅西耶以为这是银河系的星云，后来才知道这星系距离地球 5500 万光年，不可能属于银河系。

因为观测到了吸积盘和喷流，星系 M87 的中心被确定为是一个黑洞。这个黑洞的特点是喷流很长，长度有 5000 光年！哈勃望远镜和其他望远镜都拍到了 M87 长长喷流的照片，因而引发人们对它的兴趣。

尽管 M87 离地球非常远，但与恒星黑洞天鹅座 X–1 比较，它的视角更大。它与地球的距离几乎是天鹅座 X–1 离地球距离的 1 万倍，但是它的质量是那个恒星黑洞的一亿倍，所以视角要比天鹅座 X–1 大多了。

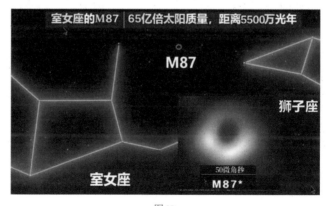

图 10
M87 的黑洞照

不过，这个视角仍然只有月面视角的 10 亿分之一，2×10^{-9} 度而已！这相当于从地球上给月亮上的一个橘子拍照！

对望远镜而言，如果它接收的波长越短，口径越大，便有更小的角分辨率。

M87 黑洞是很强的 1 毫米左右无线电辐射源，因此使用射电望远镜接收 1.3 毫米的波。那么，经过计算可知，为了达到高于 2×10^{-9} 度的角分辨率，需要口径大到 8000 千米的望远镜！地球上不可能做出这么一个大铁锅的。科学家们总有办法，他们使用了 EHT 技术！

EHT 的全称是"黑洞事件视界望远镜（Event Horizon Telescope）"，是使用甚长基线干涉测量（VLBI）技术的虚拟望远镜。是让地球上不同位置多个望远镜联合组成网络，同时观测一个天体。

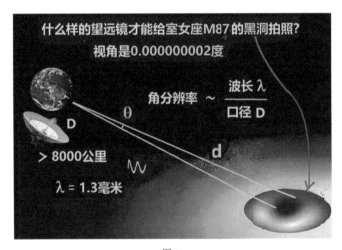

图 11
望远镜的角分辨率

VLBI 的角分辨率由望远镜间最大间距决定，用地球上 6 个地点 8 台望远镜完成，有的望远镜实际是一个望远镜阵列，例如位于智利的阿塔卡马大毫米波阵列（ALMA），拥有 66 座碟形天线。整个黑洞事件视界望远镜（EHT）相当于口径为几千千米的望远镜。重要的是 1. 镜面精度；2. 时间用原子钟同步；3. 大量数据处理。这次拍摄 M87 黑洞，使用了 8 个台站观测 5 天，两年处理数据，才成功地拍了这张照片（图 10 右下角）！照片的中心部分是视界的阴影，黑洞旋转造成了图像两边不对称。

11.4 ▪ 银河系黑洞照

2022 年 5 月 12 日，EHT 公布了银河系中心的黑洞照片。

银河系中心的黑洞，质量更小，距离也更小，视角差不多。一张照片拍摄了 3 年，"洗"了 5 年！图 12 右图，是人们期待

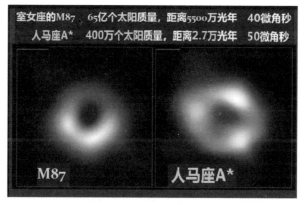

图 12
M87 和银河系中心的超大黑洞

已久的、事件视界望远镜（EHT）团队展示的，我们银河系中心的巨大黑洞，即人马座 A* 的照片。从这个甜甜圈我们看到了些什么？

图像的主要特征都在天文学家们的预料之中。

科学家们此前曾在银河系中心发现恒星围绕着某种看不见的、范围小、质量非常大的物体运行，便猜测星系中心是超大质量黑洞。虽然我们看不到黑洞本身，但它周围的发光气体揭示了一个黑暗的中心区域（称为"阴影"），被周围明亮的环状结构环绕着。银河系的黑洞照片捕捉到了被黑洞强大引力弯曲的光线，证明了人马座 A* 的确是存在于银河系中心的黑洞。黑洞视界（环）的大小准确地符合爱因斯坦广义相对论的预测，使科学家们感到震惊。

还可以将图 12 的两张照片比较一下：

1. 黑洞是我们所知道的唯一质量随大小变化的天体。一个比另一个大一千倍的黑洞的质量也大一千倍。 M87* 比银河系的黑洞大一千多倍，质量也大一千多倍，视角大小相当。

2. 我们有两种完全不同类型的星系和两种截然不同的黑洞质量，但靠近这些黑洞的边缘，它们看起来惊人地相似。

3. 银河系照片要比 M87* 困难得多，尽管 Sgr A* 离我们更近。两个黑洞附近的气体以相同的速度移动（几乎和光一样快）。但是，M87* 大，气体需要数天到数周才绕行一圈，而在小得多的人马座 A* 中，它只需几分钟即完成一圈。这意味着 Sgr A* 周围气体的亮度和模式在观察期间会迅速变化。M87*

是一个更容易、更稳定的目标，几乎所有图像看起来都一样，但 Sgr A* 黑洞的图像是不同图像的平均值。通过来自世界各地 80 个研究所的 300 多名研究人员的合作共同完成。Sgr A* 黑洞的图像是事件视界望远镜（EHT）合作从 2017 年观测中提取的数千张不同图像的平均值。平均图像保留常见特征，抑制了不常出现的特征。分为四组，其中三个星团显示出环形结构，但在环周围具有不同分布的亮度。第四个集群包含的图像也符合数据但不呈环状。条形图显示了每个集群图像的相对数量。前三个集群每一个都有数千张图像，而第四个也是最小的集群只包含数百张图像。

此外，并非所有现象都与科学家们预测的完全一致，有些是令人惊奇的：

1. 黑洞似乎正对地球，与地球面对面。其中一个自旋轴或多或少指向我们。

2. 环的"亮度分布相对均匀"，也表明它可能正面面向地球，其旋转轴指向地球。黑洞还"奇怪地"与银河系的中平面错位。

3. 其某些测量值的可变性水平低于计算机模拟的预测。这意味着"我们对吸积流中的等离子体行为了解不够"。黑洞周围的吸积盘是吞噬食物时留下的杂乱碎屑。更好地了解这些圆盘可以帮助科学家研究整个黑洞的行为，人马座 A* 的进动速度有多快？喷射出的粒子的性质是什么？这些仍然充满了谜团。我们有一些最好的模型，但还没有找到一个可以解释一切的精确模型。黑洞正在旋转，与围绕它运行的气体的方向相同，但是必须在接下来的观测中获得旋转的精确数量。黑洞科学在未来几年只会变得更加令人兴奋。

这个黑洞对银河系的直接影响，现在看起来很小。黑洞的喷流沿着它们的自旋轴产生，模型预测应该有喷流，但很长时间试图在 Sgr A* 上寻找喷流没有发现。原因之一是人马座 A* 的威力比 M87 小 100000 倍。它制造强大喷流的能力会受到阻碍。我们在其他星系中看到了喷流。在 M87 中喷流非常清楚，我们在半人马座 A 中也拍摄到喷流。在人马座 A* 还没有看到喷流。

星系中心的黑洞在将它们的星系聚集在一起方面发挥了作用，可能仍然有助于创造恒星。

虽然今天人马座 A* 产生的喷流影响相对温和，但在银河系遥远的过去并非如此。有证据表明，银河系有过强壮的青春时代，人马座 A* 的喷流曾经以极端强大的力量爆发，留下了我们今天仍然可以看到的残余物围绕着我们的星系。喷流真的很有趣。而我们现在正处于一个一切都非常安静的时期，并且这应该是人类之幸运。如果 Sgr A* 拥有像 M87 那样强大的喷流，对地球而言，可能不是好事。

11.5 ▪ 探测更多黑洞

除了探测宇宙深空外，哈勃望远镜还探测到一颗"流浪黑洞"。

11.5.1　流浪黑洞

流浪黑洞

2022 年 1 月 31 日，美国宇航局相关的天文学家宣布首次观测到银河系中一个游离黑洞。意思是说它不固定存在于任何一个恒星系统，而是在太空中自由飘浮。这个黑洞距离地球 5000 光年，以每秒 45 千米的速度在宇宙中飞驰。

之前科学家观测到（并拍照片）的，一是星系中心的超级黑洞，二是恒星黑洞。超级黑洞的甜甜圈照片看起来很可爱，但质量毕竟是天文数字，不可捉摸遥不可及。恒星黑洞的质量就小多了，几十个太阳质量而已，使一般大众对它感觉亲切、更有兴趣。

不过，以前观测到的恒星黑洞，均存在于双天体系中，比如引力波探测事件中的两个黑洞碰撞及合并，或者是首先探测到某颗亮星，然后再发现亮星的舞伴是一个黑洞！

这些情形中的黑洞，都是因为超大的引力对附近物体（比如亮星）的影响，或者是互相影响使得周边物质发射 X 射线等等原因而被发现的。

从理论推测，也应该存在孤立漂浮自由移动的流浪黑洞，而 2022 年初这次的观测数据第一次证明了这一点。不过，这种"流浪"黑洞无光无影无声无息，它们是怎么被发现被抓住的呢？原来是利用了叫作引力透镜的现象。

11.5.2　引力透镜

虽然孤立黑洞既不发出可见光，也不发出其他电磁辐射，但它强大的引力仍然会在太空中产生影响，留下蛛丝马迹。例如，引力能使光线弯曲，如同玻璃（或水面）造成光线折射一样。因此，一个引力很强的天体，就如同一个凸透镜，能将光线汇聚在一起，形成引力透镜。

这个现象倒真是被爱因斯坦最早提出的。爱因斯坦在1936年就提出用恒星作为引力透镜的想法，不过，他同时又认为可能成像角度太小而无法实际上观测到。后来有天文学家提出：恒星的确比较小，但以星系作为透镜，"口径"就大多了！星系背后的星星发出的光线，穿过"星系透镜"后必然受到影响，这种效应便可能被观测到。

这种大胆的预测令科学家们兴奋。是啊，宇宙中可观测到的星星和星系都是如此之多，成万上亿的数量级！观测到星系形成的"引力透镜"现象的可能性还是很大的。换言之，大自然早就造好了许多望远镜，赫然挂在黑暗的天边，等待人类去

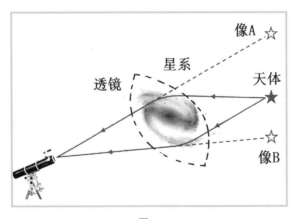

图 13
引力透镜

发现！有人把这种现象称为"爱因斯坦的望远镜"。

真正证实透镜的想法，是在 1979 年，由英国天文学家卡斯韦尔（Carswell，生卒年不详）得到的。后来已经从天文观测（不是黑洞）得到了多次证明。而如今，引力透镜已经成了引起众人注目的新型天文观测手段，它有如下用途：

1. 当作"望远镜"来使用，使我们观测到非常遥远的星系；

2. 探测不发光的暗物质；

3. 探测孤立黑洞。

15.5.3 观测结果

孤立黑洞不发光仅仅产生引力效应，但天文学家们却通过引力透镜现象发现了它，这是因为这个黑洞的存在和运动使得星空背景产生了畸变，人们由此怀疑在观测的方向上可能存在一个致密天体。当这种天体移动时，会汇聚背景星光，从而让背景星突然变亮。

这一次的孤立黑洞观测，实际上开始于好几年前的数据。那是在 2011 年 6 月，好几个观测点都发现：在银河系中心方向上有一颗恒星突然变亮了，学者们认为这可能是引力透镜效应导致的。因此，在接下来的 6 年中，通过哈勃太空望远镜的反复观测，最终发现了这个黑洞候选者。

但这个黑洞的质量还不能完全确定，有可能 7 倍太阳质量，也可能在 1.6~4.4 倍太阳质量之间，中子星理论上质量可以到太阳质量的 2.3 倍，因此也可能是中子星。如果是一个黑洞的话，可能是人类已知的最小的黑洞。

第十二章
探测引力波

"涟漪繁波漾，参差层峰峙。"——南北朝·谢惠连

　　2016 年 2 月 11 日星期四上午 10 点 30 分，是一个物理学界值得纪念的日子，美国的 LIGO（激光干涉引力波观测站）加上加州理工和麻省理工等各处的专家们，在华盛顿召开了新闻发布会，向全世界宣布 2015 年 9 月 14 日首次直接探测到了引力波的消息，称之为 GW150914 事件。全世界都为之振奋，天文界和物理界的专家们更是激动不已。

　　为什么 GW150914 事件如此震动科技界？因为物理学家们对探测引力波期待已久，这个事件中探测到的引力波是来自宇宙深处的时空涟漪，宛如石头丢进水里产生的波纹。探测引力波对人类探索宇宙起源和演化具有重要意义。

说这个涟漪泛起于宇宙的深远处，此话毫不夸张，因为它们发生于 13 亿年之前，来自距离我们 13 亿光年之遥的两个"黑洞"的碰撞。

黑洞碰撞、时空涟漪、13 亿年之前……这些如梦幻如诗歌一般的语言，突然转化成 2016 年春天到来之前的第一声惊雷。科技社会，雷声隆隆，响彻云霄，直达天边。连天国里的爱因斯坦也止不住开怀大笑起来，没想到啊，人类真的探测到了引力波！要知道引力波的强度非常非常之弱，那是爱因斯坦在 100 年之前，建立的广义相对论的一个精彩预言！

天地广阔，乾坤永恒。茫茫宇宙，万物之谜，这是对人类好奇心永恒的诱惑，又何止 100 年！

探测到引力波对基础物理学意义非凡，它再一次为广义相对论的正确性提供了坚实的实验依据。为天体物理和现代宇宙学研究，开启了一扇大门，必将掀起相关领域的研究热潮，或许导致一场革命也说不定。

因为普通物体，甚至于太阳系产生的引力波都难以探测，而在浩渺的宇宙中，存在质量巨大又非常密集的天体，诸如黑矮星、中子星等。超新星爆发、黑洞碰撞等事件将会产生强大的引力波。此外，在大爆炸的初期，暴胀阶段，也可能辐射强大的引力波。

12.1 ▪ 时空的涟漪

要明白如何探测到引力波？首先得了解什么是引力波？如

走近宇宙的现场

谈天说地

前所述，牛顿的万有引力定律揭示了引力与万物的关系。而爱因斯坦的广义相对论则将引力与四维时空的弯曲性质联系在一起。物质的质量使得四维时空弯曲，弯曲的时空又影响其中物体的运动，使其运动轨迹成为曲线而非直线。犹如一大片无限扩展的弹性网格以及上面滚动的小球互相影响一样：网格形状因小球重量而弯曲，小球的运动轨迹又因网格的弯曲而改变，见图1（a）。

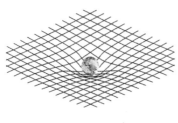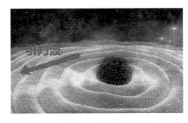

（a）物质使时空弯曲　　　　　　　　（b）弯曲时空涟漪成引力波

图1

弯曲时空和引力波

设想弹性网格上突然掉下一个很重的大铅球，如图1（b）。铅球不仅使得网格的形状大大改变，而且还将引起弹性床的大振荡，就像一颗石子投在平静的水面上引起涟漪一样，铅球引起的振荡将传播到网格的四面八方。

将上面涟漪的比喻用到四维弯曲时空中，便是科学家们探测到的引力波。

与电荷运动时会产生电磁波相类比，物质在运动、膨胀、收缩的过程中，也会在空间产生涟漪并沿时空传播到另一处，这便是引力波。根据广义相对论，任何做加速运动的物体，不是绝对球对称或轴对称的时空涨落，都能产生引力波。爱因斯坦在 100 年之前预言存在引力波，但他本人却并不相信这种波真正存在。事实上，由于引力波携带的能量很小，强度很弱，物质对引力波的吸收效率又极低，一般物体产生的引力波，不可能在实验室被直接探测到。举例来说，地球绕太阳相互转动的系统产生的引力波辐射，整个功率才大约只有 200 瓦，而太阳电磁辐射的功率是它的 10^{22} 倍。仅仅 200 瓦！可以想象得到，照亮一个房间的电灯泡的功率，散发到太阳－地球系统这样一个偌大的空间中，效果将如何？所以，太阳－地球体系发射的微小引力波一直完全无法被检测到。

（a）激光干涉仪原理图

（b）LIGO 臂长 4 千米的实际观测站

图 2
探测引力波的实验设施

美国花费巨资升级的激光干涉引力波观测站，是目前最先进的观测引力波的仪器，它的基本原理是使用激光干涉仪，见图 2（a）。从激光器发出的光束，经由分光镜分为两路，并分别从固定反射镜和可动反射镜反射回来再会合。利用测量两条激光光束的相位差来探测引力波引起的长度变化。每束光在传播距离 L 后返回，其来回过程中若受到引力波的影响，行程所用时间将发生改变而影响到两束光的相对相位。显然，干涉臂的长度 L 越长，测量便越精确。以激光干涉引力波观测站为例，双臂长度为 4 千米，见图 2（b）。并且，激光干涉引力波观测站观测机构拥有两套干涉仪，一套安放在路易斯安那州的利文斯顿，另一套在华盛顿州的汉福。两台干涉仪都得到了类似的结果，方才能证实的确接收到了引力波。

测量到引力波是基础物理研究的里程碑。首先，这意味着科学家们可以通过它来进一步探测和理解宇宙中的物理演化过程，为恒星、星系乃至宇宙自身现有的演化模型，提供新的证据，有一个更为牢靠的基础。其二，过去的天文学基本上是使用光作为探测手段，而现在观测到了引力波，便多了一种探测方法，也许由此能开启一门引力波天文学。此外，大爆炸模型以及黑洞等发射的引力波，都是建立在广义相对论的基础上。真正探测到了理论预言的引力波，便再次证明这个理论的正确性。

2015 年被激光干涉引力波观测站探测到的引力波波源，是遥远宇宙空间之外的双黑洞系统。其中一个黑洞 36 倍太阳质量，另一个 29 倍太阳质量，两者碰撞并合成一个 62 倍太阳质量的黑洞。显然这儿有一个疑问：36+29=65，而非 62，还有 3 个太阳质量的物质到哪儿去了呢？其实这正是我们能够探测到引力波的基础。相当于三个太阳质量的物质转化成了巨大的能量释放到太空中！正因为有如此巨大的能量辐射，才使远离这两个黑洞的小小地球上的人类，探测到了碰撞融合之后传来的已经变得很微弱的引力波。

12.2 ▪ 电磁波和引力波

爱因斯坦建立了广义相对论，在1916年就预言了引力波，但他本人并不相信引力波会是宇宙中的真实存在。他当时对自己这个预言的态度是颇为有趣的。直到1936年对此还尚未有一个确定的答案。他曾经在一篇论文中得出"引力波不存在"的结论！但因为该文中他的计算有一个错误，被"物理评论"拒绝。当年，愤怒的爱因斯坦转而将此文投给"富兰克林学院学报"，文章即将发表时爱因斯坦自己也发现了他的错误，于是将文章标题改变了。后来又设法重写了论文，计算核实准确了之后才在1938年发表[14]，最终确定了引力波的存在。

对大众而言，引力波、黑洞，相对论，这些原本都是远离人们日常生活的名词，听起来像是天方夜谭。然而，在2016年，突然一转眼就变成了现实。并且，LIGO 探测到的双黑洞融合事件还是13亿年之前就已经发生了的事件，辐射的引力波在茫茫无际的宇宙中奔跑了13亿年之后，在其能量为顶峰的一段短暂时间内（约0.2秒），居然被当今的人类探测到了，真可谓奇迹！

不过，大多数人对电磁波比较熟悉，起码这个名词经常听到，因为它与我们现代社会通信系统密切相关。那么，既然引力波和电磁波都是"波"，我们就来比较一下这两个"兄弟"，以此加深读者对引力波探测的理解。

英国物理学家麦克斯韦于 1865 年预言电磁波；爱因斯坦于 1916 年预言引力波。

1887 年，赫兹在实验室里用一个简单的高压谐振电路第一次产生出电磁波[15]，用一个简单的线圈便能接收到电磁波，图 3（a）；2016 年，美国的激光干涉引力波观测站第一次探测到引力波，团队的主要研究人员就有上千，大型设备双臂长度 4 千米，造价高达 11 亿美元，见图 3（b）。

电磁波从预言到探测，历时 23 年；引力波从预言到探测，历时 100 年。

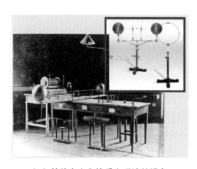
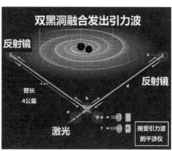

（a）赫兹产生和接受电磁波的设备　　（b）接收到引力波的激光干涉引力波
观测站臂长 4 千米

图 3

电磁波和引力波探测设备

从上面的数据可见，引力波的探测比电磁波的产生或接收要困难多了。其根本原因是两者的强度相差非常大。

现代物理理论（粒子物理的标准模型）认为，世界上存在着 4 种基本相互作用：万有引力作用、电磁作用、强相互作用、弱相互作用。其中的强相互作用和弱相互作用都是"短程力"，意味着它们只在微观世界很短的范围内起作用。天文界能够探测到的，就是电磁力和引力了。引力是四种相互作用中强度最弱的，大约只有电磁作用的 10^{-35} 倍。也就是说，将引力的强度值，后面再加上 35 个 0，才能与电磁作用相当。

加速运动的电荷辐射电磁波，加速运动的非球对称质量也能辐射引力波。但是，电磁波能够很容易地在实验室中被探测到，从现在的技术观点看起来，强度比电磁波小三十几个数量级的引力波，不可能在实验室中测量到，也不太可能在近距离的普通天体运动中观测到。

最有可能探测到引力波的天文事件，是大质量天体的激烈运动。比如说，双中子星或双黑洞互相绕行最后融合的事件。广义相对论可以计算双星系统在那段融合过程中发射出的引力波的强度。天文学家们对双黑洞融合事件研究了很长时间。1974 年，两位学者从观测双中子星相互围绕对方公转的数据，间接证实了引力波的存在，并因此荣获 1993 年的诺贝尔物理学奖。近年来。科学家们对双黑洞的碰撞融合过程进行了大量的计算机数值计算和图像模拟，也从统计学的角度，研究了各类质量的双黑洞碰撞在宇宙中发生的概率，及地球上探测到这些事件辐射的引力波的可能性。通过这些多方面详细深入的研究，科学家们对引力波的探测信心倍增，才在几十年前启动了激光干涉引力波观测性的巨资大工程项目。并且，不仅仅是美国，还有欧洲的室女座引力波天文台，印度的激光干涉引力波观测站，日本的神冈引力波探测器，等等，都陆续在升级或建造中，除此之外，还有探测引力波的空间站，比如激光干涉空间天线等，则定位于更为低频的引力波源。

即使是黑洞碰撞产生的强大引力波，传播到地球时对地面上物质产生的影响也只是微乎其微，因为这些事件都是发生在很遥远的宇宙空间。引力波和电磁波一样以光速传播，传播一定的距离需要时间，美国激光干涉引力波观测站于 2015 年 9 月探测到的引力波，是两个黑洞 13 亿年前发出的，或者说，双黑洞与地球的距离是 13 亿光年。

这个黑洞融合事件辐射的引力波到达地球时，引起物体长度的相对变化只有 10^{-21}。这个数字是什么意思呢？如果有一根棍子，像地球半径（R=6400 千米）那么长，那么，从黑洞来的引力波将引起这根棍子的长度变化 $dL=10^{-21}R=10^{-11}$ 毫米（1 毫米的一千亿分之一）。

我们无法做出一根和地球半径一样长的棍子，但科学家们尽量延长探测臂的长度。比如 LIGO 两臂的长度均为 4 千米，因此，引力波将使得每个臂的长度变化 $dL=4 \times 10^{-18}$ 米。

用什么"尺子"来测量这么小的长度变化？科学家们又请出了引力波的大哥——电磁波，以激光的面貌出现。所用仪器是和 1887 年迈克尔逊的干涉仪[16]基本同样的原理。入射光分为两束后被对应的平面镜反射回来。两条光路的两束光根据它们的不同光程发生干涉，干涉图样可通过调节臂长 L1 和 L2 来实现，从而能够测量出细微的臂长（光程）变化。迈克尔逊干涉仪可方便地进行各种精密测量，几乎是所有现代干涉仪的原型。这种设备是爱因斯坦的幸运神，当年迈克尔逊和莫雷使用这种干涉仪进行的实验，证实了以太的不存在，启发了狭义相对论。130 年之后的激光干涉仪基本原理相同，但已经面目全非，人类又用它第一次接收到了引力波，证明了爱因斯坦的广义相对论。

激光干涉仪是物理实验室中常见的设备，多次为科学立下汗马功劳。不过，美国激光干涉引力波观测站将这种仪器的尺寸扩大到了极致，将其功能也发挥到了极致，使得长度测量的精度达到了 10^{-18} 米，是原子核的尺度的一千分之一，这才创造出了 GW150914 这个第一次。

首先，科学家们让两束激光在长臂中来来回回地跑了 280 次之后再互相干涉，这样就把两臂的有效长度提高了 280 倍，使得引力波引起的长度变化增加到 10^{-15} 米左右，这是原子核的尺度。为了使这些激光"长跑运动员"有足够的精力跑完这么长的距离，使用的高强度激光最后功率达到 100 千瓦。为了减小损耗，美国激光干涉引力波观测站的激光臂全部安置于真空腔内，使用超洁净的镜片，其真空腔体积仅次于欧洲的大型强子对撞机（LHC），气压为万亿分之一个大气压。

这一切做到了极致的标准，才使美国激光干涉引力波观测站检测到这么微弱的距离变化，这是精密测量科学的胜利。从赫兹探测电磁波的线圈，到美国激光干涉引力波观测站这种大型精密设备，表明了人类科学技术的巨大进步。

下面，我们再来从数学和理论物理的角度，来认识一下电磁波和引力波之异同点。

理论物理学家们预言的电磁波和引力波，都满足形式相似的波动方程：①

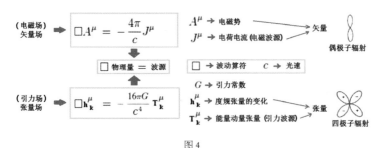

图 4
电磁波和引力波的波动方程和波源的不同辐射图案

电磁波是电场（磁场）矢量场的波动；引力波是时空度规张量的波动。

图 4 最右边的两个图案，说明电磁波源和引力波源辐射类型的区别：电磁波起于偶极辐射，引力波起于四极辐射。

———————————

① 电磁波的方程从麦克斯韦理论得到，引力波的方程从广义相对论得到。麦克斯韦方程是线性的，引力场方程本来是非线性的，但研究引力波向远处传播时，可以利用弱场近似将方程线性化而得到与电磁场类似形式的波动方程。简单而言，图 4 所示的两个波动方程，是一个同类型的等式。等式左边是微分算子作用在波动的物理量上，右边则是产生波动的波源。

电磁波的情况，电磁势（及相关的电磁场）是波动物理量，是一个矢量。电荷电流是波源。

引力波的情形，波动的物理量及波源的情况都比较复杂一些，它们都是 2 阶张量，或简称张量。图 4 中可见，矢量用一个指标表示，张量用两个指标表示。因而，张量比矢量有更多的分量。

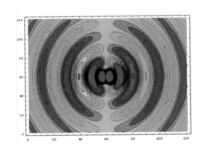

（a）偶极辐射　　　　　　　　　（b）四极辐射

图 5

偶极辐射和四极辐射

发射引力波的"源"与电磁波源有一个很重要的区别：电磁作用归根结底是电荷引起的（因为至今没有发现磁单极子），引力是由质量引起的，也可以将质量称之为"引力荷"。但是，电荷有正负两种，质量却只有一种。因此，电磁辐射的最基本单元是偶极辐射，而引力辐射的最低序是四极子辐射，见图 5。一个像"哑铃形状"的物体旋转，便会产生随时间变化的四极矩，在天文上，哑铃形状可以由双星系统来实现。当一个大质量物体的四极矩发生迅速变化时，就会辐射出强引力波，双黑洞的旋转融合过程中正好提供了巨大的引力四极矩变化。

此外，正负电荷间有同性相斥、异性相吸的特点，使得电磁力既有吸引力，也有排斥力。但质量（引力荷）产生的引力却只有吸引力一种。

也正因为电荷有正负之分，可以利用这个正负抵消的性质来屏蔽电磁力。而引力场不能靠类似的方法屏蔽。不过，因为广义相对论将引力场解释为几何效应，在局部范围内，可以用等效原理，借助一个自由落体坐标系将引力场消除。电磁场则不能被几何化。

从量子理论的角度来看，电磁波是由静止质量为零、自旋为 1 的光子组成，而引力波是由静止质量为零、自旋为 2 的引力子组成。电磁波能与物质相互作用，被反射或吸收，但引力波与物质的相互作用非常微弱，只能引起与潮汐力类似的伸缩作用，但在物质中通过时的吸收率极低。

1887 年，赫兹精心设计了探测电磁波的实验，证明了电信号如同麦克斯韦和法拉第预言的那样可以穿越空气而传播，这个伟大的实验，是后人发明无线电的基础。然而，赫兹没有意识到他的无线电波实验的实际重要性。他说，"这没有任何用处，只是证明麦克斯韦是正确的"，当被问及他的发现的应用时，赫兹回答说，"无用，我猜"。而当时两位 20 多岁的年轻人，马可尼和特斯拉，却从赫兹的实验中突生梦想，逐步地计划并实现了将电磁波用于通信上。如今，电磁波对当今人类文明的进步和发展之重要性已经毋庸置疑，众人皆知。

爱因斯坦预言引力波的时候，也认为人类恐怕永远也探测不到引力波，他当然也不可能预料引力波是否可以对人类有任何实际用途。可见，科学技术的发展有时候是很难预料的。也许将来引力波也能发挥现在预料不到的用途，为人类文明做出贡献。

12.3 ▪ 更多引力波探测

2015 年的 GW150914 事件只是引力探索中的一个开端，远没有结束。科学家们期待更多的观测结果。

第一次探测到的引力波是双黑洞合并，之后，又陆续探测到多次黑洞合并的引力波事件。

2017 年 10 月 16 日，美国激光干涉引力波观测站和意大利室女座引力波天文台合作宣布首次探测到源自双中子星系统合并的引力波。这次事件被称为 GW170817，并且，有关的望远镜也捕捉到这一壮观宇宙事件发出的电磁波信号。这是人类历史上第一次使用引力波天文台和电磁波望远镜同时观测到同一个天体物理事件，标志着以多种观测方式为特点的"多信使"天文学进入一个新时代。

这次合并事件是因两个中子星对撞而成，对撞速度约为光速的 1/3。观测到的中子星质量，一个是在 1.36 到 2.26 个太阳质量之间，另一个 0.86 到 1.36 个太阳质量。测得的总系统质量为 2.73~2.78 个太阳质量。

在天文学里，GW170817 是划时代的里程碑事件，它揭示中子星合并确实会发生。与双黑洞合并的情况相比，双中子星合并预计会产生电磁对应物，即与事件相关的光信号和短暂伽玛射线暴。费米伽玛射线太空望远镜探测到伽玛射线爆发，发生在引力波瞬变后 1.7 秒。该信号源自星系 NGC 4993 附近，与中子星合并有关。事件的电磁跟踪证实了这一点，涉及 70 个望远镜和天文台，并在电磁波谱的大范围内进行了观测。

继 2017 年造成轰动的第一次之后，由双中子星合并产生的引力波于 2019 年 4 月又一次"现身"。美国激光干涉引力波天文台（LIGO）第二次探测到来自双中子星合并的引力波。这次事件产生一个巨大质量的新天体，其总质量约是太阳的 3.4 倍，而在银河系中目前已知的双中子星系统总质量都不超过太阳的 2.9 倍。

2021 年，继双黑洞合并、双中子星合并之后，人类终于首次探测到了黑洞 – 中子星合并事件。人类具有引力波探测能力不过 6 年时间，而它给人类带来的科学成果，已经远远超出了我们的想象。2021 年美国激光干涉引力波观测站和意大利室女座引力波天文台探测器对前两个中子星 – 黑洞双星的探测发表在《天体物理学杂志快报》上，天文学家接连发现了两例来自黑洞 – 中子星合并的引力波事件——GW200105 和 GW200115。

事件 GW200105 中收到的引力波信号是由一个 8.9 倍太阳质量的黑洞和一个 1.9 倍太阳质量的中子星合并产生的，发生在 9 亿光年之外。

GW200115 的引力波信号，来自一次 10 亿光年外的黑洞 – 中子星合并事件，事件的主角分别是一个 5.7 倍太阳质量的黑洞，以及一个 1.5 倍太阳质量的中子星。

在这两次观测之后，天文学家立即对相应目标区域进行了多波段观测，但在所有波段上都没有观测到来自这两个事件的电磁波，这与引力波预测结果相符合。因为这两个事件中，黑洞的质量都比中子星大得多，当中子星靠近黑洞时，理论上它会被潮汐力撕裂，从而可能产生一阵闪光。但黑洞也有可能一次性把中子星整个"吞下"，不留下任何痕迹，因而只测到引力波，没有电磁波。

目前，引力波探测已经成为了人类了解宇宙的新窗口。如果说以往人类是在用电磁波"看"宇宙的话，引力波探测技术则像是给了人类"听"见宇宙的能力。人类已经发现了双黑洞、双中子星、中子星和黑洞三类合并事件，3位主导引力波探测计划的物理学家也被授予了诺贝尔物理学奖。到今天，人类通过引力波确认的黑洞数量已经超越了以往任何一种手段所发现的。

关于中子星和黑洞，还有太多太多的未知之谜：它们的半径能在什么范围内变化？它们的自转速率能有多快？它们如何成为双星并最终合并？这些宇宙中最极端最神秘的天体是如何产生的？在未来更多引力波探测数据的帮助下，我们期待能越来越完美地回答这些问题。

"天地四方曰宇，往古来今曰宙。"

——《尸子》

第四篇

宇宙奥秘

PART 4

第十三章
浅谈宇宙学

"万事几时足，日月自西东。无穷宇宙，人是一粟太仓中。"——南宋·辛弃疾

13.1 ▪ 既古老又现代的学科

宇宙学是最古老的学科，也是最现代的学科。从远古时代开始，人们就对茫茫宇宙充满了猜测和幻想：诗人和文学家们仰望神秘的天空，用诗歌和故事来表达抱负、抒发情怀；哲学家们哲思深邃，奇想不断；科学家们却要探索宇宙中暗藏的秘密。尽管人类天文观测的历史已经几千年，但是将我们这个浩瀚宏大、独一无二的宇宙作为一个物理系统来研究，继而形成了一门称之为"宇宙学"的现代科学，却只是近 100 年左右的事情。

宇宙学已经有过好几次革命：哥白尼的日心说第一次将人类的宇宙观移到地球之外；哈勃通过大型望远镜的镜头确定了数不清的星系；近代宇宙学让人类思考和研究宇宙的起源。

从物理的观点来解释宇宙，称为物理宇宙学。物理宇宙学是一门年轻科学。它的推动力主要来自理论和实验两个方面：爱因斯坦的广义相对论和哈勃的天文观测结果。

近年来，随着科学技术的进步，物理宇宙学已经发展成为一门精准的实验科学。现代天文观测手段日新月异，宇宙学也进入了它的黄金年代，各种模型和猜想不断涌现。并且，宇宙学中近十几年来的一系列重大发现对现有物理基础理论也提出了诸多挑战，比如说，暗物质和暗能量的研究已经成为现代物理的重要课题。

近代宇宙学到底是什么？有哪些具体的重要进展？这个领域的发展实在太快，广大民众可能还知之甚少，即使是在物理或天文的学术界，大多数人对近年来宇宙学的事件也只是知其然，而不知其所以然。

有关宇宙演化模型不止一种，历史上有牛顿的及其他人的，有稳态的和不稳态的。宇宙学标准模型（俗称大爆炸）是近年来被广泛接受的。尽管这个模型仍然存在许多疑难，但正是疑难之处启迪人们对宇宙问题的更多思考。

对大爆炸理论，人们存在着很多的迷惑和误解，特别是这方面科学普及不足的国家更是如此。有些人认为大爆炸是毫无证据的假说，是离奇古怪、不可思议的天方夜谭，甚至将其称为"西方宇宙学"。然而这不是事实,科学并无东西之分,尽管我们无法直接验证宇宙的"大爆炸",也不能断定它就一定是宇宙演化历史的正确描述,但是由于航天实验卫星大量数据的支持,主流的大多数研究者已经承认和接受了这个理论。

我甚至听过一位有博士学位的人说:"打死我也不相信宇宙会是一次大爆炸产生的!"这种说法当然首先是因为对"爆炸"一词的误解,也许此人以为那是和炸弹一样的"爆炸"。其实,宇宙"大爆炸理论"远非人们所想的那么简单,它并不是某人头脑中随便产生的一个猜想。在 100 年之前,假说的成分可能多一些,但就目前状况而言,大爆炸模型已经是可以一步一步严格推导,并也有实验观测数据验证的实实在在的科学理论。此外,科学不同于宗教信仰,不是"相信"或"不相信"的问题。科学理论建立在观测和实验的基础上,为什么如今接受大爆炸模型的人越来越多呢?是因为越来越多的观测事实与它相符合。

科学不是政治,不同于党派之争,也不是宗教信仰,它是无数科学家共同的心血和结晶。真正的科学家不是只为了维护某一个学说而奋斗,也不会把打倒某个理论当作目标,他们的目的是实话实说,认识自然,纠正错误,探索真理。

13.2 ▪ 宇宙学原理

宇宙学有个基本假设,称之为宇宙学原理,说的是:在大尺度的观测下，宇宙是均匀和各向同性的。也就是说，就大尺度而言，你在宇宙中的任何位置，朝任何方向看，都应该是一样的。

宇宙学原理只在"大尺度观测"下才成立。何谓大尺度？打个日常生活中的比方，如果我们从"大尺度"的角度来观察一杯牛奶，看起来是一杯均匀和各向同性的白色液体。但是，如果从微观角度看，便有所不同了，其中有各种各样的分子和原子，分布很不均匀，也不各向同性。如果设想有一种微观世界的极小生物（只能假想，细菌也比它大多了），生活在这杯牛奶中某个原子的电子上，犹如我们人类生活在地球上。原子核就是它们的"太阳"。一开始，这种生物只知道它们能够观察到的原子世界，即它们的"太阳系"。细菌朝四面八方观察，显然不是各向同性的，因为一边有太阳，一边没太阳。后来，细菌们跳出了太阳系，看到了原子之外原来还有巨大的分子，它们所在的原子不过是"银河"大分子中的一个极小部分。再后来，它们又认识到它们的"牛奶"世界中还有其他各种各样的分子：水分子、蛋白分子、脂肪分子、糖分子等等。

从大尺度看宇宙，就像我们从宏观角度观察一小杯牛奶一样。牛奶看起来不也是均匀和各向同性的吗？中学物理中介绍过"阿伏伽德罗常数"，那是个很大的数目（6.022×10^{23}），表示一"摩尔"任何物质中包含的分子数。很小一小杯水就有好几个摩尔，由此可导出一杯牛奶中包含了庞大数目的分子和原子。但上面所说的只能看得见原子和分子级别的微观生物，从

走近宇宙的现场
谈天说地

它的小范围角度进行观察的话，只能看见一个一个分离散开的原子和电子，是看不出这种大尺度的均匀性的。

用上面的比喻可以说明天文学和宇宙学研究对象之区别。微小细菌的"天文学"研究的是氢原子、氧原子、各种原子和各种分子；而它们的"宇宙学"研究些什么呢？那是它们"跳"出它们的小世界之后，把这杯牛奶作为一个"整体"来研究，这杯牛奶的重量、颜色、密度、流动性等等，也许还可以研究这杯奶的来源：在母牛的身体内是如何分泌、产生出来的？所以，所谓大尺度，研究的就是这些只与整体有关，不管分子原子细节的性质。

人类的宇宙学研究也是这样，不像天文学那样，研究个别的、具体的恒星、星系或星系群。我们需要"跳"出地球，"跳"出银河系，站在更高之处，将宇宙作为一个整体"系统"来看待，研究宇宙的质量密度、膨胀的速度、有限还是无限、演化过程、从何而来、将来的命运等等。

或者说，在天文学家眼中，一个星系是千万颗恒星的集合，而在宇宙学家眼中，一个星系只是他所研究的对象中的一个"点"。

从天文学的视角上升到宇宙学，也是人类认识上的一个飞跃。远古时候的人，对宇宙只能想象，谈不上"研究"。只有当越来越多的星球、星系、星系团被我们观测到之后，才有可能在大尺度的范围内来观测和研究宇宙应该呈现的面貌，这便是宇宙学的目的。

在宇宙的大尺度上，引力起着重要的作用。物理学引力理论中有牛顿万有引力和广义相对论两个里程碑，因而分别对应于两种不同的宇宙图景和宇宙学：牛顿的宇宙模型以及现代物理中以大爆炸学说为代表的宇宙标准模型。

第十四章
宇宙模型

"天地开辟，阳清为天，阴浊为地，盘古在其中。"

——汉·徐整

14.1 ▪ 牛顿的宇宙

美丽神秘的太空令我们敬畏，人类的眼光越来越远，天文知识越来越丰富。从地球到太阳系，再到银河系，再到本星系群，再到浩瀚无垠的宇宙。宇宙之大让人震撼，宇宙之美令人遐想！首先看看，牛顿物理是如何描述宇宙的……

虽然牛顿理论可以当作广义相对论在弱引力场和低速条件下的近似，但就其物理思想而言，牛顿理论有两个根本的局限性。一是认为时间和空间是绝对的，始终保持相似和不变，与其中物质的运动状态无关。因而，牛顿的宇宙图景只能是永恒的、稳定的、无限大的。二是牛顿理论中的"力"，是一种瞬时超距作用，光速是无限大，但这点与实验事实相矛盾。牛顿理论中的万有引力也是瞬时传播，没有引力场的概念，引力作用传递不需要时间。如前所述，2016 年美国激光干涉引力波观测站探测到的引力波是爱因斯坦从广义相对论预言的。引力波的波速有限，波动传播需要时间，因此，从牛顿引力定律则不可能预言引力波。

其次，牛顿永恒而稳定的宇宙图景需要"宇宙无限"的假设。这个假设与牛顿理论二者之间存在着无法克服的内在逻辑矛盾，引起不少难以解释的佯谬，牛顿引力理论是弱引力条件下的理论，对于强引力场和大尺度作用范围是不适用的，很多时候，对宇宙时空的理解都涉及无穷大和无穷小的问题。矛盾和佯谬恰恰就由此产生。

那么，宇宙时空到底是有限还是无限的？物质是否可以"无限"地分下去？这些概念是否只是无限逼近的一个理论极限？其实，天文学、宇宙学、物理学研究的历史中，存在很多著名的疑问和佯谬，佯谬实质上就是科学家们提出的疑难问题。不断地发现、提出、研究，直至最终解决悖论佯谬，这就是科学研究的过程。科学中的悖论佯谬是科学发展的产物，预示我们的认识即将进入一个新的阶段，上升到新水平。

牛顿宇宙学和现代宇宙学都遵循均匀各向同性的宇宙学原理。牛顿理论认为宇宙和时间空间都是静态和无限的，时间就是放在某处的一个绝对准确、均匀无限地流逝下去的"钟"，空

第十四章　宇宙模型

谈天说地

走近宇宙的现场

285

间则像是一个巨大无比的、有标准刻度的框架，物质分布在框架上。这种静态无限的传统宇宙观，初看起来简单明了，似乎容易被人接受，但却产生了不少佯谬，比如夜黑佯谬（也叫光度佯谬），引力佯谬以及与热力学相关的热寂说佯谬等。以下举夜黑佯谬为例。

夜空为什么是黑暗的？这问题听起来太幼稚了，像是一个学龄前小孩问父母提问。其实不然，这是物理学中一个著名的佯谬：夜黑佯谬[17]。

为什么天空在白天看起来是明亮的，夜晚看起来是黑暗的？表面上的道理人人都懂，不就是因为地球的自转，使得太阳东升西落，昼夜交替而造成的吗。当然，从物理的角度来看，还不能忽略大气的作用。如果没有大气，天空背景本来就是黑暗的，白天也一样，太阳不过只是黑暗背景中一个特别明亮的光球而已，宇宙飞船中的航天员在太空中看到的景象就是如此。

因为有了大气，才造成了地球上的日明夜黑。白天，也就是当我们所在的位置对着太阳的时候，太阳光受到空气分子和大气尘埃的多次散射，使得我们看向天空中的任何一个方向，都会有光线进入眼睛，所以我们感觉天空是到处明亮的天蓝色。夜晚到了，地球把它的"脸"转了一个180度，使我们背朝太阳，我们所在的地球上的"那个点"正好躲到了背对太阳的地球阴影下面，大气中不再有太阳的散射光芒，因而使天空看起来黑暗。

我们可以用如上方式向孩子们解释夜空为何黑暗。但是，有一位叫奥尔伯斯的古人不同意这种说法。奥尔伯斯是德国天文学家（Olbers，1758—1840），他在 1823 年发表了一篇文章。针对与上面说法类似的解释，奥尔伯斯说："不对，晚上虽然没有太阳，还有其他的恒星啊！"

当然，大多数恒星离我们地球太远了，以至于我们看不见它们。因为恒星照到地球上的光度与距离平方成反比而衰减。然而，奥尔伯斯又说："看不见个别的星球，不等于看不见它们相加合成的效果。所有恒星的光结合起来，也有可能被看到啊。"

的确如此，好些个肉眼单独看不见的遥远恒星发出的光线之合成，可以达到被看见的效果。比如说，我们肉眼可以看见仙女座星系，但实际上这个星系中任何一颗恒星的亮度都没有达到能被肉眼看见的程度。整个仙女座星系能够被看见是其中所有恒星传来的光线合成的结果。另外，当我们抬头仰望银河的时候，看到的也是模模糊糊一片一片的白色，那也是许多星光合成的效果，用肉眼很难将它们分辨成一颗一颗单独的星星。

奥尔伯斯认为，如果宇宙是无穷大、各向同性、天体均匀分布的话，无限多个星球合成的效果就可能照亮整个夜空。具体计算也说明，可以得到夜晚的天空也应该明亮的结论。

如图 1 所示，因为宇宙是无穷大，地球上的人朝任何一个方向，比如图中的立体角 A 的方向观察，都能看到无限多的星球。从这些所有星球发出的（或者反射的）光传到地球上来，产生的光度的总和，便描述了这个观测方向上天空的亮度。

如何求立体角 A 中观察到的这个总亮度呢？考虑距离地球为 R 处、厚度为 ΔR，包围着的一个壳层（球壳在立体角 A 中的部分）。如果用 N 表示宇宙中星球数的平均密度，上述壳层中天体的数目则等于体积乘以 N。

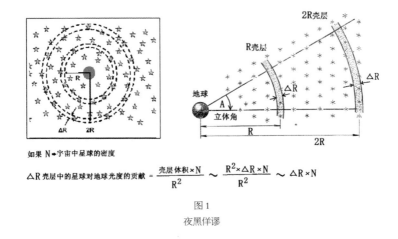

如果 N→宇宙中星球的密度

$$\Delta R \text{ 壳层中的星球对地球光度的贡献} = \frac{\text{壳层体积} \times N}{R^2} \sim \frac{R^2 \times \Delta R \times N}{R^2} \sim \Delta R \times N$$

图 1
夜黑佯谬

厚度为 ΔR 的壳层中天体的数目 $= R^2 \times A \times \Delta R \times N$，

然后，该壳层单位立体角对地球人观察到的光度的贡献 $= \Delta R \times N$。这儿 ΔR 是壳层的厚度，N 是星球密度。

上面推导的最后结果与 R 无关，也就是说，无论距离地球的远近，每个壳层对光度的总贡献都是一样的，都等于 $\Delta R \times N$。虽然星光在地球上的亮度按照 R^2 规律衰减，壳层离地球越远，亮度会越小。但是，壳层越远，同样的立体角中所能看到的星星数目便会越多，天体的数目也是按照 R^2 的规律增加。因此，衰减和增加的两种效应互相抵消了，使得每个壳层对光度的贡献相同。然后，对给定立体角 A 上的所有壳层求和，即将所有的壳层厚度加起来，最后得到地球观察者看到的总亮度是 $R_{宇宙} \times N$。这儿的 $R_{宇宙}$ 是宇宙的半径，如果宇宙是无限的，其半径等于无穷大，那么总亮度也会等于无穷大。每个方向的亮度都趋向无穷大的话，天空当然是一片明亮。由此，奥尔伯斯得出结论，夜空应该如白昼一样明亮。不过，这个结论并不符合观察的事实，我们看到的夜空是黑暗的，所以，奥尔伯斯宣布这是一个需要解决的佯谬。

事实上，早于奥尔伯斯几百年之前，已经有人提出这个问题。第一次提出的人是16世纪的英国天文学者迪格斯（Thomas Digges，1546—1595）。迪格斯还给出一个现在看来错误的解释，他认为夜空黑暗的原因是天体互相遮挡。奥伯斯本人提出"宇宙并非透明"的另一种解释。之后的哈雷也思考过这个问题，但未给出令人满意的答案。开普勒认为奥伯斯佯谬论证说明宇宙是有限的，或最少是只有有限数量的天体。

因此，看来这个"夜黑佯谬"的根源是来自"宇宙无限"的模型，那就是说，如果假设宇宙是有限的，就有可能解释奥尔伯斯佯谬了。

宇宙有限的解释指出，有限速度的光要游遍宇宙的空间本身就是矛盾的，当我们遥望远处的空间，其实就是在回顾历史。最后，我们仍只能观察到有限年龄的宇宙。

有趣的是，很早做出宇宙有限解释的是诗人爱伦·坡。他在1848年的散文诗《我得之矣》中写道：

"星星是连续不尽的，然后背景的天空将呈现一致的光亮，就像银河所显示的——因为不会有绝对的点，在那所有的背景中，星星将不复存在。因此，在那些，在这样的事态下，唯一的模式，我们可以体会到我们的望远镜在无数的方向上发现空隙，将假设无形的背景，因为距离的遥远，光芒从未能到达我们。"

大爆炸理论认为宇宙年龄有限，自然不存在夜黑佯谬。漆黑一片的夜空印证了宇宙并非稳恒态的，可以算是大爆炸理论的证据之一。

概括而言，牛顿的宇宙模型是"无限、绝对、永恒"。在宇宙尺度下，广义相对论比牛顿力学更能准确地描述世界，宇宙模型也就有所改变。

14.2 ▪ 大爆炸模型

14.2.1 宇宙膨胀的数学模型

哈勃定律确定了宇宙空间正在膨胀。如何根据宇宙学原理和相对论或哈勃定律，给膨胀的宇宙建立模型？我们首先从空间只有一维的情况开始考虑。然后可以很容易地推广到空间是三维的情形。

图2左边，水平轴 x 代表一维空间，垂直向上的方向代表时间 t。坐标轴 x 上的圆点代表星系。为了表示一个均匀而各向同性的宇宙，将星系等距离地均匀排列分布在 x 轴上。假设

观察时间为 $t_1<t_2<t_3<t_4<t_5$，在每一个时间点，星系在 x 轴上的位置都用整数（$x=\cdots,-2,-1,0,1,2\cdots$）来标识。这儿我们暂且假设这个一维宇宙是无限且平坦的，其中有无穷多个星系。

显然，图2中星系对应的 x 值并不是空间中的距离，它只是星系的排列顺序。空间距离尺度被包含在标度因子 $a(t)$ 中。这样来表示膨胀的宇宙比较方便。比如说，$x=3$ 的圆点表示

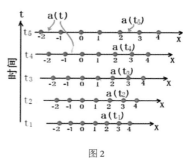

图2
一维宇宙膨胀模型

的是从原点0开始算的第3个星系，它和位于原点那个星系的距离，无论在哪个时间点，都等于 $a(t)$ 的3倍。标度因子 $a(t)$ 随着时间的增大而增大，x 的值却不变，因此，$a(t)$ 函数代表宇宙膨胀的效应。通常将现今的标度因子 $a(t_0)$ 定义为1。

标度因子 $a(t)$ 变化的规律如何？理论上与广义相对论有关，实验上则与哈勃定律有关。

假设银河系位于图中 $x=0$ 的点，考虑任何其他的星系相对于银河系的位置和退行速度，比如 $x=3$ 的第三个星系，与地球的距离是标度因子的3倍，进行简单的微分运算求出退行速度后，再代入哈勃定律中，则能推出哈勃参数 H_0 与标度因子 $a(t)$ 的关系：

$$H_0=(da/dt)/a(t)$$

因此，哈勃参数等于标度因子的导数与标度因子之比值，
这是宇宙膨胀的动力学公式。

现在，可将一维的宇宙膨胀模型推广到二维或三维空间
（x，y，z）。虽然三维空间中有 3 个独立的方向，但为了保证宇
宙学原理中各向同性的要求，只能有一个标度因子 $a(t)$，用与
上面一维情形类似的方法，可推导出同样的 H_0 与 $a(t)$ 的关
系式。

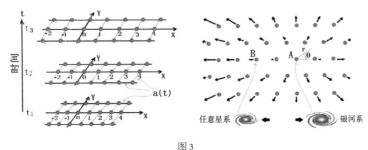

图 3

二维宇宙膨胀模型（a）直角坐标（b）极坐标

图 3 显示二维宇宙膨胀的过程，三维的情况完全类似，只
需要加上 z 坐标。图中的 $a(t)$ 为标度因子，对 x 方向和 y 方
向都完全一样，这是宇宙学原理的要求。因此，宇宙膨胀的标
度因子与选择的坐标系无关，我们也可以使用极坐标来同样地
讨论膨胀模型。图 3 的右图，便是用极坐标表示膨胀的二维宇
宙在某一个时刻 t 的截图。图中的 A 点代表我们的银河系，假
设将 A 当作静止的参考系，其他星系位置上标示的小箭头则显
示了它相对于 A 运动速度的方向和大小。图中可见，所有的星
系都是离 A 而去。并且，离 A 越远，小箭头越长，表示退行速

度随距离增大而增大，符合哈勃定律。

这个图初看起来，银河系的位置似乎有点特殊，所有别的星系相对 A 朝四面散开，银河系不是就好像代表了宇宙的中心吗？但仔细一想就明白了，如果你把参考系移到星系 B，也就是说，将图中的 B 点当作是静止的，重新画出相对于 B 的小箭头的话，你又会感觉 B 好像是宇宙中心了。因此，在宇宙的膨胀图景中，每个星系都可以被当作静止的参考系，但并非宇宙的中心，宇宙没有中心，处处相同、各向同性。

14.2.2 伽莫夫的物理模型

以上只是将每个星系当成一个点时宇宙膨胀的几何模型，没有涉及任何物理规律。但如果我们沿时间倒回去，追溯到宇宙的过去，就会发现一些非常有趣的物理图景。如果时间朝前，宇宙膨胀，那么，时间向过去行进的话，宇宙的范围便会越来越小，星系间的距离也会越来越小，世界越来越挤，以至于最后所有的星系都挤成一团。更为准确地说，宇宙中所有的"质量"都将挤成一团。再反推下去，结果竟然像是我们在恒星演化过程中介绍过的"引力塌缩"一样，只不过时间是反过来而已。质量足够大的恒星，引力塌缩的最后结果是黑洞。而宇宙的质量如此之大，回到时间的起点时，也应该得到一个类似黑洞的东西，这一点与广义相对论的计算结果也一致。

当然，我们能够确信的，只是宇宙在人类能够测量到的这一段时间里是在"膨胀"，并不足以说明将来也继续膨胀，也不能断定如果时间倒流过去，宇宙就一定是"收缩"。因此，大爆炸模型开始时更是科学家们的一个假说。不过，按照这个模型可以得到很细致很精确的宇宙演化过程，许多过程的影响一直延续到现在，被目前大量的观测事实所证实，这个假说已经转变成了物理理论。

宇宙起始于一个密度极大且温度极高的太初状态，我们把它叫作宇宙的起始点，或者说，是我们"大爆炸模型"的起点。这儿又需要澄清一下，起点并不是一个点（奇点），应该是大于普朗克尺度的时空范围，这个范围内，目前的物理规律有效。

大爆炸模型认为，宇宙从这个起始范围开始，经过一个有限的时间，不断地膨胀、演化到达了今天的状态，这个时间就是宇宙的年龄，这个时间理论上从广义相对论估算，用观测结果证实，大约是 137.99 ± 0.21 亿年。

比利时的一位神父勒梅特，同时也是天文学家，他提出过一个假设：现在的宇宙是由一个"原始原子"爆炸而成的。这可算是大爆炸说的前身。然而，宇宙膨胀到大爆炸模型这方面更多的工作，是由苏联的几位物理学家完成的。

大爆炸宇宙学说的两位主要奠基者：伽莫夫和他的老师弗里德曼都是苏联人。伽莫夫虽然未得诺贝尔奖，但物理学界公认他做出了好几个诺奖级别的贡献：量子隧道效应、大爆炸宇宙模型，及最早对生物学 DNA 螺旋结构的研究等。伽莫夫是个传奇性的人物，新思想多如泉涌，但他淡然处世，是那种并不为自己的某项发现而特别感到骄傲的人，当然也不擅长争名夺利，是一位真正的科学家！

20世纪20年代，伽莫夫和朗道是列宁格勒大学的同学兼好友，和另一位朋友一起被戏称为物理系的"三剑客"，弗里德曼则已经成为一名气象学家并兼任数学系的教授。1922年，弗里德曼用广义相对论描述了流体，从而给出了宇宙模型的场方程。比利时的勒梅特通过求解弗里德曼方程在理论上也提出了类似的观点。

弗里德曼从理论上设想的膨胀宇宙后来成为大爆炸模型的理论基础。可惜弗里德曼37岁那年在一次气象的气球飞行中得重感冒转肺炎而致死，使他没能对此作进一步的深入研究，也让当时雄心勃勃的伽莫夫中断了他的"宇宙学之梦"，暂时转到其他研究方向。但弗里德曼在短暂的生命中为宇宙建造的数学模型，一直沿用至今。

20世纪40年代，弗里德曼早已去世，伽莫夫却难以忘怀当初听这位老师讲授广义相对论时给予他的巨大心灵震撼。于是，伽莫夫在弗里德曼模型和勒梅特思想的基础上，提出宇宙热爆炸理论，包含了更多的物理内容，描述了宇宙演化和膨胀中的物理过程。伽莫夫于1948年正式提出宇宙起源的大爆炸学说，他认为宇宙的早期既没有星系，也没有恒星，显然也不可能是勒梅特所说的一个"原始原子"，而应该是一个温度极高、密度极大的由质子、中子和电子等最基本粒子组成的"原始火球"。这个火球宇宙迅速膨胀，密度和温度不断降低，然后才形成化学元素以及各种天体，最后演化成为我们现在的

谈天说地

走近宇宙的现场

宇宙。

伽莫夫 1933 年借一次参加国际学术会议的机会，离开了苏联，在居里夫人的帮助下从事物理研究，最后定居美国。在西方自由宽松的学术环境下，伽莫夫如鱼得水，取得了一系列重要的研究成果，达到事业的顶峰。

根据热大爆炸宇宙学模型，宇宙从高温高密的原始物质状态开始演化和膨胀。第二次世界大战之前，核物理已经成为研究的热门，战争中一大批美国物理学家对原子弹的成功研发又将这个领域大大向前推进了一步。伽莫夫也不例外，将量子物理成功地用于原子核的研究，与众不同的是他将这个领域的成

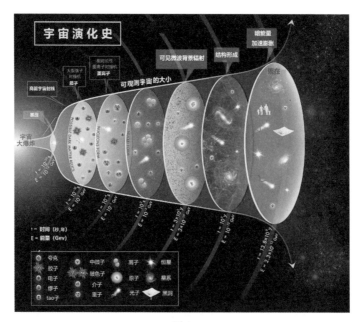

图 4

宇宙大爆炸模型

果应用到他年轻时候就着迷的宇宙学中。

根据大爆炸理论，宇宙是由一个极紧密、极炽热的奇点膨胀到现在的状态，见图 4。也就是说，宇宙是由一个密度极大且温度极高的太初状态演化而来的，那个状态距今 137.99 亿年左右。

14.2.3 霍伊尔的坚持

有意思的是，"大爆炸"这个名字是一个反对大爆炸理论的天文物理学家弗雷德·霍伊尔爵士（Sir Fred Hoyle, 1915—2001）给取的。据说本来含有挖苦嘲讽之意，却不料不胫而走，广为流传，最后成为了这个理论的正式名称。

霍伊尔曾经是一个很有影响力的英国天文物理学家，做出过不凡的贡献，例如在"恒星的核合成"领域。当初霍金从牛津大学毕业后去剑桥攻读宇宙学博士，就是冲着霍伊尔的名声去的，不过后来学校给他指派了另一位物理学家夏玛。

霍伊尔的许多研究成果不符合正统主流的学术观点，本人的性格又傲慢固执、刚愎自用，以至于人们都几乎忘记了他的正确之处和科研成就，只记得他的反叛和不合潮流。

霍伊尔在宇宙学中最常被人提起的"事迹"就是与大爆炸学说的对决。1948 年，几乎与伽莫夫提出大爆炸理论同时，霍伊尔与戈尔德和邦迪一起创立了稳恒态宇宙模型。大爆炸理论认为宇宙在时间上有起点，稳恒理论则认为宇宙无始无终，一直都在膨胀，并且新的物质不断地从无到有地产生。1960 年左右，霍伊尔又改进了他的稳恒态模型，加入了局部的快速膨胀区域，得出万有引力常数随时间减小、地球在膨胀的结论。一直到了1965年，大爆炸学说所预言的微波背景辐射被证实，才使得大多数物理学家都接受了大爆炸理论，当初建立宇宙稳恒理论三员大将之一的邦迪也承认了稳恒理论已被推翻的事实，另一位"伙伴"戈尔德则一直坚持到1998年，但后来也开始提出对稳恒理论的质疑，因为大爆炸学说更符合天文观测的事实。三人中唯有霍伊尔，直至其2001年去世，始终都固执己见。

不过，霍伊尔的理论虽然有错误，但霍伊尔的坚持仍然增进了人们对宇宙演化过程的理解。科学总是在和反对派的争论中才不断进步的。实际上，霍伊尔虽然反对大爆炸理论，但对大爆炸宇宙学的贡献实际上也是不可忽略的。

霍伊尔基于对大爆炸理论的质疑，激发了灵感，因而和福勒一起研究恒星的核合成。

太初核合成理论是伽莫夫等首先提出的，但霍伊尔认为这个理论很可笑，怎么可能"在远小于煮熟一只鸭子或烤好一份土豆的时间里"，宇宙就发生了从基本粒子到一系列元素的合成演化呢？这个疑问启发他和福勒一起在20世纪60年代研究"恒星核合成"并且得到了重要结果。现代天体物理学的观点是：太初核合成中生成了氢、氦、氘等轻元素，霍伊尔研究的恒星核合成，则完成了从轻元素到各种重元素的转化。

晚年的霍伊尔沉湎于某些奇异念头中不能自拔。比如他固执地认为地球是因为遭到外太空微生物的袭击而导致流感和其他疾病的暴发。他口无遮拦，在事实不足的情况下指责大英博物馆等机构造假。霍伊尔过分傲慢和顽固不化的处世态度固然不可取，但他这种在科学界少见的直率较真、标新立异，不遵从社会门户之见的治学风格，也可算是留给我们的一份难得的宝贵遗产。

14.3 ▪ 大爆炸模型的实验证据

大爆炸模型在实验方面有三大支柱：哈勃太空望远镜观测到的宇宙膨胀、宇宙微波背景辐射的发现以及太初核合成理论对元素丰度的预测，它们是支持大爆炸理论三个最重要的证据。

之后，随着技术的进步，以上证据得到进一步证实，一些新证据也涌现出来，如对星系和类天体的分类和分布的详细观测为大爆炸理论提供了强有力的支持证据；对宇宙年龄的测定也得到与理论较符合的结果。

宇宙膨胀的想法起始于宇宙学红移的发现。这些红移是均匀且各向同性的，也就是说在观测者看来任意方向上的天体都会发生均匀分布的红移。如果将这种红移解释为一种多普勒频移，则可进而推知天体的退行速度，得到哈勃定律。

根据哈勃定律，所有的星系都在远离我们，即宇宙正在膨胀。宇宙膨胀的观测事实本书中叙述很多，因此，本节主要介绍后面两个证据。

走近宇宙的现场

谈天说地

　　宇宙大爆炸学说未被当年的科学界主流广泛接受。即使到了 20 世纪的 50 年代到 60 年代初，如果谁在科学报告会上提到宇宙诞生于一场"大爆炸"，仍然会引起听众一片哄笑，大多数人士会认为这是出于报告人的宗教信仰，或者是属于某种奇谈怪论。

　　使得科学界的看法最后逆转的是半个世纪之前偶然被新泽西州两个工程师所观察证实的"宇宙微波背景辐射"，这个理论才逐渐被科学界接受。现在，大爆炸模型已经得到了当今天文观测最广泛且最精确的支持。虽然许多疑问尚存，但基本上被物理主流认为是迄今为止解释宇宙演化的最精确模型。

　　微波背景辐射的发现转变了多数人对大爆炸宇宙模型的认识。不过，我们首先介绍另外一个证据:宇宙中元素丰度的问题。

14.3.1　元素丰度问题

　　物理学家琢磨宇宙间物质的最小构件是些什么？化学家则喜欢关心宇宙中各种元素的成分比例，称之为"元素的丰度"。他们惊奇地发现，尽管元素周期表上列出了超过 100 种的不同"元素"，宇宙中丰度最大的却是两种最轻的元素：氢和氦。这两者加起来约占宇宙质量的 98％以上，而所有其他元素的质量之和才占大约 1％。氢和氦两种原子核之间在宇宙中的相对质量比例有所不同，分别为 3/4 及 1/4，如图 5 所示。考虑到氢原子核实际上就是一个质子，而氦原子核包括了两个质子和两个中子，从氢氦丰度比（3/4 和 1/4），我们不难得出宇宙中质子数和中子数所占的比例大约是（14：2）=（7：1）。

这是个"大约"的数值，原因之一是因为它仅仅来自氢氦之比，完全忽略了占1%的其他元素的贡献。

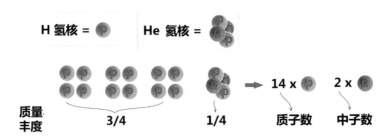

图 5
氢和氦的质量丰度

因此，大自然向科学家们提出了一个有趣的问题：为什么宇宙间物质中包含的质子数中子数会有这样（7 对 1）的比例呢？这是否应该与宇宙演化过程中物质（原子核）的形成有关？

天文测量证实，氢、氦等轻元素的丰度比在整个宇宙中的分布基本是均匀的，这个事实启发了伽莫夫，使他感觉这个比值不是来源于恒星形成之后，而是来自宇宙演化的早期。伽莫夫设想，也许早期的宇宙就像是一间厨房，宇宙中的各种元素（后来证明只是几种轻元素），都是从那儿的高温高压下烹饪出来的？由此奇特的想法，伽莫夫创建了太初核合成的理论。

当伽莫夫提出热爆炸理论的那时候，还没有基本粒子的标准模型，也没有夸克的概念。因此，伽莫夫考虑的宇宙极早期物理过程，与现代的认知有所区别。因此，我们如今讲述的大爆炸宇宙早期模型，只是沿用了伽莫夫的理论，根据现代粒子物理，重新审视和诠释了的演化过程。

根据伽莫夫提出的"热爆炸"理论，离原点时间越近，物质就越是高温高压高密，越是分离成为更为"基本"的成分。那么，从我们自信心较强的时间尺度（即爆炸后 10^{-35}s）开始谈起比较合适。那时候，引力作用已经分离出去，暴胀过程结束，宇宙温度大概 10^{28} 开尔文，应该是一片以辐射为主的世界。然后，宇宙急剧膨胀，强相互作用也开始分离出去，出现了作为强相互作用交换粒子的胶子，并产生少量的轻子和夸克，随后的 1 分钟内，温度降低，整个宇宙逐渐以物质为主导，变成"一锅"炙热的夸克胶子轻子光子"汤"，各种粒子频繁碰撞相互转化，处于热平衡状态，也形成了少量中子和质子。开始时，中子数和质子数大致相等，但比光子数少得多，只有光子数的几亿分之一。

中子和质子分别由三个夸克构成，夸克有六种不同类别，还分别有它们的反粒子。这儿我们不详细叙述质子和中子的夸克结构，但不同的结构造成了它们质量上有一个微小的差别：中子比质子质量稍大（大约千分之一）。正是这个微小的质量差别造成了宇宙演化中中子数和质子数的不同。

多粒子物理系统（经典的）热平衡时遵从一个简单的统计规律，即玻尔兹曼分布。[1]

简单地说，玻尔兹曼分布表明在平衡态下粒子数与能量和温度的关系。大自然总是尽量挑选"便宜"方便的事情做。能量低的粒子多，能量越高的粒子数越少。这点可以具体应用到中子和质子上，因为中子的质量更大，形成中子需要的能量比形成质子所需能量更高，因而中子数要少于质子数。此外，玻尔兹曼分布也与温度有关，温度越低，同样的质量差别造成的粒子数差别越大。因此，随着宇宙的膨胀，宇宙温度的降低，质子数与中子数的差别越来越大。在大爆炸后 1 秒钟左右，有一段时期叫作"中微子退耦"，这时，质子和中子的比例从接近 1:1 的初始值，已经增加达到 4:1 左右。中微子退耦打破了系统的动态热平衡，停止了原来质子中子互相转换的过程。虽然接下来玻尔兹曼分布不再是决定质子中子数目之差的主要原因，但由于中子自身的不稳定性，中子开始通过 β 衰变转化成质子，使得质子中子数之比继续增加。当大爆炸发生 3 分钟左右，质子中子比例接近 7:1。

这时，宇宙的温度降到 10^9 开尔文，太初核合成开始拉开序幕，稳定的原子核开始形成。核合成反应延长大约 17 分钟，它的最后结果，将宇宙 3 分钟内形成的几乎所有中子，都

---

[1] 玻尔兹曼分布方程：$N = Ce^{-E/kT}$
这儿 N 是粒子数，E 是能量，T 是系统的温度，k 是玻尔兹曼常数，C 是比例系数。

结合到氦核中去了，此外，也形成了很少分量的氘核、3氦核及7锂等。

后来，随着宇宙进一步膨胀，温度进一步降低，使得难以发生进一步的任何其他核聚变，太初核合成停止。至此为止，氢核和氦核的元素丰度固定在（75%，25%），质子与中子数的比例（7∶1）保存下来。

这几种轻元素核（氢氦为主），是宇宙大爆炸早期埋下的"种子"。伽莫夫理论预言的太初核合成"保存"下来的轻元素丰度数值，与实际观测的丰度值可以认为是基本相符合。因为到目前为止还没有第二种理论能够很好地解释并给出这些轻元素的相对丰度，这个吻合被认为是继"宇宙膨胀"的观测事实之后，大爆炸理论的第二个强有力证据。

14.3.2 微波背景辐射的发现

尽管轻元素丰度的测量值和预言值的确吻合得很好，但那不过只是几个简单的数字，其力量不足以扭转人们对稳态宇宙根深蒂固的信念。至于从哈勃开始就一直观察到的宇宙正在膨胀的事实，也不足以让人相信由此而倒推回到137亿年之前的景象是"真实"的。并且，宇宙在不在膨胀，或是否加速膨胀，普通人看不见也感觉不到，只听天文学家们这么说，许多人总是有些将信将疑。

最后使大多数科学家转变观点，认真思考以致最终接受大爆炸模型的，是宇宙微波背景辐射的发现，是这些围绕我们周围无处不在的"古老之光"。

与前两个证据不同。微波背景辐射（简称为 CMB）就在我们身边，尽管微波也不能被我们的肉眼看见，但人们，即使是非科学界人士，对这个名词并不陌生，基本上不会怀疑现代科学技术能够探测到它们。

大爆炸理论的奇妙之处在于，早在实验上探测到微波背景辐射的十几年前，伽莫夫就已经从理论上预言到宇宙中这种无所不在的辐射现象。真是一个神奇的理论！一位神奇的科学家！

伽莫夫对微波背景辐射的预言过于超前，因此当年没有多少人重视它，直到 1964 年美国贝尔实验室两位工程师的实验天线探测到它们，微波背景辐射才一跃而成为天文中的热门研究课题。

两位工程师的发现颇具戏剧性，他们那时对大爆炸理论一无所知，并没有存心有准备地要探测宇宙中来自 130 多亿光年之前的辐射！

（a）普林斯顿大学迪克教授　　　　（b）新泽西贝尔实验室的彭齐亚斯和威尔逊

图 6

微波背景辐射的发现

两位研究者的工作是射电天文学，他们看上了实验室附近克劳福德山上的一架废弃不用了的角锥喇叭天线。那是一个重达 18 吨的庞然大物，见图 6（b），原来是用来接收从卫星上反射回来的极微弱通信信号的，不巧这个功能很快被之后发展得更为先进的通信卫星所替代。可以想象，那时候在研究经费上的分配，通信领域一定是大大优于天文研究的。因而，两位专家花了大量的精力和时间，将这个喇叭天线改造成了一台高灵敏度低噪声的射电天文望远镜，准备用它来观测寻找微弱的、但有一定方向的某个宇宙射电源。

不过无巧不成书，离他们不远的普林斯顿大学，倒真有一位了解伽莫夫大爆炸理论的物理系教授迪克（R. H. Dicke, 1916—1997）。迪克领导了一个小组，包括他的学生 D. Wilkinson，正在建造一台 3.2 厘米的射电望远镜。他的射电望远镜倒是真想探测微波背景辐射，即广漠无边的宇宙中的"微波背景"。

这个故事正应了"有心栽花花不发，无心插柳柳成荫"的俗话。迪克教授的"花"还未来得及"栽"下去，那边克劳福德山上的两位科学家却被他们的"低噪声"设备接收到的大量"噪声"所困惑，不知其为何物？

迪克教授不知从哪儿听到了这个消息，立刻驱车前往仅距 1 小时车程的克劳福德山，并证实了两位工程师接收到的"噪声"正是他梦寐以求的微波背景辐射信号！可想而知，迪克当时的心情是何等复杂？固然免不了遗憾，但更多的应该是惊喜：终于抓到被伽莫夫所预言的"宇宙大爆炸的余晖"了！

实际上，当时的迪克等已经对伽莫夫的热爆炸理论做了很多深入研究，迪克甚至早于伽莫夫之前，就已经预测过空间中应该存在某种"来自宇宙的辐射"。20世纪60年代，他又带领学生重新投入这项研究，阿诺·彭齐亚斯和罗伯特·威尔逊接收到额外的"噪声"后，迪克坦诚地告诉他们这个工作对宇宙学的重要性，迪克将微波背景辐射解释为大爆炸的印记，并为此做了不少理论工作，预测其光谱应该是如图7所示的黑体辐射谱。

微波背景辐射的发现[18]对稳恒态宇宙理论是一个致命打击，其代表人物霍伊尔试图用别的理论来解释它。比如说，他们认为，微波背景辐射也许是普通星系发出的光被宇宙中的尘埃吸收散射后的结果，但这点很快就被微波背景辐射光谱图的进一步测量结果否定了。因为结果表明，微波背景辐射具有近乎完美的（2.72548±0.00057开尔文）附近的黑体辐射谱，宇宙中普通尘埃的散射光谱则很难满足这点。

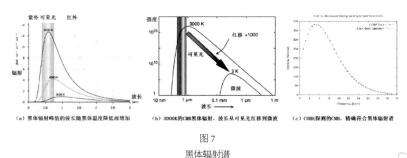

图7
黑体辐射谱

黑体辐射是一个热力学物理术语，听起来有点玄乎，这儿的"黑体"并不一定要是"黑"色的，它是一个理想化了的物

走近宇宙的现场
谈天说地

理名词，指的是只吸收不反射的理想物体，不反射不折射但仍然有辐射，那就是黑体辐射。绝对的黑体在现实中是不存在的，但实际上许多常见物体的辐射都可以近似地用黑体辐射谱来描述。

当新泽西的两位工程师第一次接收到微波背景辐射时，他们的接收器调谐到一个很窄的频率（160 吉赫 / 千兆赫），对应的波长在 1.9 毫米附近。但是，物体辐射的电磁波不会是一个单一的波长，而是按照不同强度分布在一段波长范围内，称之为"谱"。黑体辐射谱的规律就是如图 7 所示的曲线，它们具有特定的形状，为什么是这种形状？量子力学的先驱者普朗克回答了这个问题，正是因为普朗克对黑体辐射谱的研究而导致了量子力学的创立，我们在此不表。

如图 7（a）所示，形状类似的黑体辐射曲线，在"强度 – 波长"的坐标图中移来移去，它的位置只取决于一个参数：黑体的温度 T。那是因为黑体辐射是光和物质达到热平衡时的热辐射，因而只与温度有关。黑体辐射峰值的波长随黑体温度的降低而增加。反之，如果黑体的温度升高，其辐射波长便降低，光谱像蓝光一端移动。

根据热爆炸理论，早期宇宙（几分钟时）处于辐射为主的完全热平衡状态，光子不断被物质粒子吸收和发射，从而能够形成一个符合普朗克黑体辐射规律的频谱。但是，太早期的宇宙对光子是不透明的，也就是说，那时候的光子只是不断地湮灭和产生，没有长程的传播，直到宇宙膨胀温度降低到大约

3000 开尔文时，电子开始绕核旋转，与原子核复合而形成稳定不带电的中性原子结构，大大降低了光子湮灭和产生的概率，光子的电磁辐射与物质脱耦，开始在膨胀的宇宙空间中传播，亦即宇宙对光子而言逐渐成为"透明"。这时宇宙的年龄大约为38 万岁，称之为"最后散射"时期。这是大爆炸之后，得以在宇宙空间中"传播"的"第一束光"！这些光子构成了可以被今天人们观测到的背景辐射，而观测到的背景辐射的涨落图样正是这一时期的早期宇宙的直接写照。

这古老的"第一束光"，其频谱符合 3000 开尔文的黑体辐射，那时候星系尚未形成，没有高等生物，没有仪器探测到它们，也不可能被记录下来。不过，这些辐射一直存留在宇宙空间中，见证了宇宙 137 亿年膨胀演化的历程。如今，从 1964 年开始，终于被人类发现并且能够捕捉到了。

137 亿年过去了，"第一束光"的波长因为宇宙膨胀而"红移"，峰值波长从靠近可见光波长的数值，红移到了微波的范围，见图 7（b）。因为微波背景辐射所有电磁辐射的波长都发生宇宙红移，所以，表示黑体辐射规律的谱线形状并未改变。图 7（c）是宇宙背景探测者卫星（COBE）在 20 世纪 90 年代测量到的 2.725 开尔文的微波背景辐射谱，图中可见，实验测量值与理论值非常准确地符合。

微波背景辐射的黑体辐射谱，是对大爆炸宇宙模型的强有力支持，否则很难说明这种四面八方到处都存在的电磁波来自何处？只有 2.725 开尔文（约为零下 270 摄氏度）的微波，却

走近宇宙的现场
谈天说地

准确地符合黑体辐射谱线，辐射源到底在哪儿呢？无论你对大爆炸理论接受与否，目前只有它能对此给出让人接受的，较为合理的解释。

1989年，美国宇航局发射了宇宙背景探测者卫星，并在1990年取得初步测量结果，证明了宇宙微波背景光谱精确符合黑体辐射的规律〔图7（c）〕，结果显示大爆炸理论对微波背景辐射所做的预言和实验观测相符合。在那年的天文会议上，当宇宙背景探测者卫星的结果被展示在与会代表们面前时，1500名科学家不约而同地突然爆发出雷鸣般的掌声，欢庆大爆炸理论的重大胜利，它被它的创始人伽莫夫预言的"余晖"果然存在！当时伽莫夫已经去世多年。

宇宙背景探测者卫星测得的微波背景辐射余温为2.726开尔文，并在1992年首次测量了微波背景辐射的涨落（各向异性），2000年至2001年间，以毫米波段气球观天计划为代表的多个实验通过测量这种各向异性的典型角度大小，发现宇宙在空间上是近乎平直的。

西方政府及科学界花费血本，制造发射数个测试卫星，就为了探测这些弥漫于空中的温度极低的微波微波背景辐射，那是因为这些来自宇宙之初的古老之光中，隐藏着宇宙演化的奥秘。

14.3.3 微波背景辐射的奥秘

宇宙微波背景辐射除了频谱特征之外，还有它的时空特性。换言之，这种辐射是否随着时空而变化呢？时间效应便是

137亿年中谱线的宇宙红移。那么，微波背景辐射随空间而变化吗？

空间性质有两个方面：均匀性和方向性。也就是说，从微波背景辐射测量到的黑体辐射温度 T 是否处处相同？是否各向同性？第一个问题没有太多疑问，宇宙背景探测者卫星等探测器的结果也回答了第二个问题。

2003 年初，威尔金森微波各向异性探测器（WMAP）给出了它的首次探测结果，其中包括在当时人们所能获得的最精确的某些宇宙学参数。此外，微波各向异性探测器还证实了有一片"中微子海"弥散于整个宇宙，这清晰地说明了最早的一批恒星诞生时曾经用了约 5 亿年的时间才形成所谓宇宙雾，从而开始在原本黑暗的宇宙中发光。2009 年 5 月，普朗克卫星作为用于测量微波背景各向异性的新一代探测器发射升空，它被寄希望于能够对微波背景的各向异性进行更精确测量，除此之外还有很多基于地面探测器和气球的观测实验也在进行中。

（a）1965、1992、2003 年探测到的宇宙微波背景辐射

1.银河系运动产生偶极化

2.银河系红外辐射

3.除去银河系的效应后
（宇宙背景探测者卫星）

4.更为精确的温度分布
（普朗克太空望远镜）

（b）宇宙微波背景辐射信息分析

图 8
宇宙微波背景辐射的方向性

图 8 中所示的微波背景辐射图所描述的便是从不同方向测量时得到的温度分布图。图中用不同的颜色代表不同的温度。椭圆中的不同点则对应于四面八方不同的观察角。

当微波背景辐射第一次被克劳福德山上的巨型天线捕捉到的时候，是均匀而各向同性的，各个方向测量到的辐射强度（可换算成温度）都是一样的，如图 8（a）上方的第一个椭圆，均匀分布的颜色表明在各个方向接收到的微波背景辐射没有温度差异，这也正是当时确定它们是来自"宇宙"本身而不是来自某一个具体星系的重要证据。同时也在一定的近似程度上证实了宇宙学原理。

虽然根据宇宙学原理：宇宙在大尺度下是均匀和各向同性的。但是，宇宙更小尺度的结构也应该在更为精密测量的微波背景辐射椭圆图上有所反应。果然不出所料，利用探测卫星在 1992 年和 2003 年探测到的微波背景辐射图便逐渐显现出了细致的结构，如图 8（a）的右边两个图（2、3）所示，它们已经不再是颜色完全均匀的椭圆盘了。

首先，我们自己所在银河系的特定运动将会反映到微波背景辐射图中。比如说，地球、太阳，还有银河系，都处于不停的旋转运动中，不同方向观察到的微波背景辐射黑体辐射的温度应该被这些运动所影响。

图 8（b）（1）描述的便是因为太阳系绕银河系旋转运动产生的多普勒效应，它使得微波背景辐射图印上了偶极化的温度分布。在图中 45 度线对应的两个观察方向上，因为相对运动

方向相反，产生了辐射温度的微小差异，从图中的红绿蓝三种不同颜色可看出这种偶极效应，温度差别被三种颜色之差异放大了许多，实际上在图中，微波背景辐射的平均温度是2.725开尔文，而用红色表示的最高温度，比较用蓝色表示的最低温度，不过只相差0.0002开尔文而已。

银河系还在微波背景辐射图上盖上了另一个印记，那是由于银河系中天体的红外辐射的影响而产生的，图中表示为椭圆中间那条红色水平带子，见图8（b）（2）。银河系整体呈圆盘状，太阳系位于圆盘的边缘，因而红外发射看起来像一条宽带子，正如我们仰头观看银河，看见的是一个光点密集的长条，均出于同样的道理。

天文学家们利用计算机技术，可以将银河系的两种印记从微波背景辐射图中除去，这样便得到了没有观察者所在星系标签的真正"宇宙微波背景"图，见图8（b）中的3和4。

精确测量的微波背景辐射，已经不是完全各向同性的均匀一片了，它们显示出复杂的各向异性图案。如何分析这些图案？它们来自何处？

如图9中所示，对右边的观察者而言，图左的"最后散射面"犹如一堵墙壁，使得我们看不到墙壁后面的宇宙更早期景象。但是，这是一堵发光的墙壁，这些光从处于3000开尔文热平衡状态的"墙壁"发射出来，大多数光子的频率在可见光范围之内，它们旅行了137亿年，不但见证了宇宙空间的膨胀，也见证了宇宙中恒星、星系、星系团形成和演化的过程。

当它们来到地球被人类探测到的时候，自身也发生了巨大变化：波长从可见光移动到了微波范围，因而，人类将它们称之为"微波背景–CMB"。

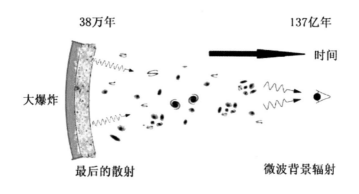

图9
微波背景辐射携带着最后散射的信息以及 137 亿年宇宙演化的信息

　　从图 9 以及上文的描述，不难看出微波背景辐射巨大的潜力。这些光波不简单！它们就像是来自家乡的信使，能带给你母亲的思念，还能告诉你沿途的风景。微波背景辐射波也是这样，它们经过了漫长的历史旅程，从两个方面携带着宇宙的秘密：一是最后散射面上的信息，二是宇宙中天体形成的过程。这些信息印记在微波背景辐射中，使得它们不应该是完全均匀各向同性的图案。

　　首先解释第一个信息来源：最后散射面。刚才不是说，最后散射面是一个热平衡状态的"墙壁"吗？这似乎意味着散射面上每一点都是一样的，是一个光滑的墙壁，因而没有什么有用信息。但这种说法显然不会是物理事实，热平衡是一种动平衡的量子状态，必然包含着物质密度的量子涨落。从宇宙后来因为引力作用演化而形成星系结构这点也可以说明，最后散射面上一定包含着我们现在看见的宇宙的这种"群聚"结构的"种子"，否则怎么会演化成今天这种形态而不是别的形态呢？此外，即使是被不透明"墙壁"挡住了的"早期宇宙"，是否也有可能在墙壁上印上一点淡淡的"蛛丝马迹"？问题是这种"胚胎"带来的"种子"信息，会在微波背景辐射图上造成多大的差别？理论家往往总是先于实验观测而给出答案。早在1946年，苏联物理学家利夫希茨（Lifshitz，1915—1985）曾经计算过这种温度的各向异性，他认为表现在微波背景辐射图案上应该造成 10^{-3} 左右的起伏。

第二个信息来源则是因为微波背景辐射"途经"了宇宙后来的演化过程，如图9中从左到右，宇宙137亿年中经历的物理过程：原子形成、类天体、再电离、恒星、星系、星系团形成等，都应该在微波背景辐射上有所反应。打个比喻说，当人们观测发光的墙壁时，也应该观察到墙壁和观测者之间飞虫蝴蝶之类的动物投射的阴影。

以上两个原因都会造成微波背景辐射图的各向异性。物理学家们特别感兴趣"最后散射面"上的种子信息，它们将使我们观测到宇宙的"婴儿"时期，提供宇宙早期的信息。没过多久，先进的科技便帮了他们的大忙：宇宙背景探测者卫星传回了好消息！

1992年，美国物理学家、伯克利大学教授乔治·斯穆特（George Smoot，1945—）在分析了宇宙背景探测者卫星三

谈天说地

走近宇宙的现场

315

年中发回来的微波背景辐射数据之后宣布，他们最后绘制的全天宇宙微波背景辐射的分布图，显示出了 CMB 辐射中只有十万分之一的各向异性起伏，见图 8（b）（3），斯穆特将这个椭圆图形戏称为"宇宙蛋"。后来，斯穆特和美国国家航空航天局戈达德航天中心的高级天体物理学家约翰·马瑟（John C. Mather，1945— ），共同分享了 2006 年的诺贝尔物理学奖。

又是二十多年过去了，第三代的普朗克（Planck）测试卫星对微波背景辐射更为精准地测量进一步证实了宇宙大爆炸的标准模型，以及与早期宇宙有关的"暴胀理论"。物理宇宙学度过了 20 年的黄金时期，同时也面临着前所未有的严峻挑战。

14.3.4 星系演化和分布

近年来，对星系和类天体的分类和分布的详细观测，也为大爆炸理论提供了强有力的证据，成为大爆炸理论的第四大实验支柱。

理论和观测结果共同显示，最初的一批星系和类天体诞生于大爆炸后十亿年，从那以后更大的结构如星系团和超星系团开始形成。由于恒星族群不断衰老和演化，我们所观测到的距离遥远的星系和那些距离较近的星系非常不同。此外，即使距离上相近，相对较晚形成的星系也和那些在大爆炸之后较早形成的星系存在较大差异。这些观测结果都和宇宙的稳恒态理论强烈抵触，而对恒星形成、星系和类天体分布以及大尺度结构的观测则通过大爆炸理论对宇宙结构形成的计算模拟结果符合得很好，从而使大爆炸理论的细节更趋完善。

14.4 ▪ 澄清对大爆炸的误解

近几十年来，宇宙学逐渐成为一门真正的科学，宇宙的演化过程逐渐被人们了解。但在众人的理解中，即使是物理学或天文方面的专业人士，却都难免存在许多的"误解"。

图像是科普的重要手段，能够直观、简洁、快速地让人明白某些文字难以解释的科学原理和知识。但是，解释大爆炸模型的图却往往给人以误解，例如将宇宙的开端画成平坦无限的欧氏空间中的一个点。我们在本书中的几个"大爆炸"图像一般也是这样画的。这实际上是不正确的，但是也难有其他的表示方法。所以只能在此提醒读者更多地去阅读和理解文字，以免首先就被图像误导了。

14.4.1 "无中生有"？

否。大爆炸模型并不是一个无中生有的"创世理论"，而只是一个被观测证实、得到主流认可的宇宙演化模型。宇宙的所有物质原本（从普朗克时间开始）就存在在那儿。"大爆炸理论"所描述的，只不过是宇宙如何从太初的高温、高压、高密度的"一团混沌"演化到了今日所见的模样而已。

从广义相对论和哈勃定律来看，宇宙空间在不停地膨胀，天体间互相逐渐远离的事实，不可避免地会得到宇宙早期高度密集的结论。以宇宙目前膨胀的规律将时间倒推过去，天体间必然曾经靠得很近，并且，离"现在"越久远，宇宙中星球的

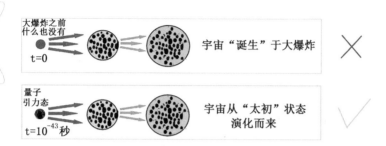

图 10
宇宙不是从大爆炸"无中生有""诞生"出来

密度就会越大，亦即同样多的"天体"占据的空间就会越小。再往前，天体便会不成其为天体，而是因为短距离下强大的引力而"塌缩"在一块儿，成为混沌一团的等离子体。再往前推，物质的形态表现为各种基本粒子组成的"混沌汤"：电子、正电子、无质量无电荷幽灵般的中微子和光子。推到最后，给我们的"宇宙最早期"图景，便是一个密度极大且温度极高的太初状态，也就是说，我们现在的宇宙是由这种"太初状态"演化而来，称之为"大爆炸"。

仅仅从广义相对论这个"经典引力理论"而言，如上所述的"时间倒推"可以一直推至 $t=0$，它对应于数学上的时间奇点。但是，物理上不存在奇点。实际上，当空间小到一定尺度，也就是说对应于时间"早"到一定的时刻，就必须考虑量子效应。遗憾的是，广义相对论与量子理论并不相容，迄今为止物理学家们也没有得到一个令人满意的量子引力理论。因此，我们将大爆炸模型开始的时间定在（ 10^{-43} 秒），或者更后一些，比如说，引力与其他三种作用分离之后的普朗克时间

（10⁻³⁵秒）。这是物理学家们能够自信地应用现有理论的最早时间，任何理论都有其极限。我们的理论目前只能到此为止，至于更早期的量子引力阶段，现有理论尚未给出满意的答案。如果再进一步，有人要问："当时间 $t<0$，大爆炸之前是什么？"，或者"什么原因引起了大爆炸？"之类的问题，那就更是暂时无法回答了。

宇宙的"演化"进程非常地不均匀。温伯格曾经用一本书的篇幅，来描写宇宙早期（开始三分钟）的进化过程[19]，而直到"大爆炸"发生大约4亿~10亿年之后，才逐渐形成了星系。

14.4.2 "炸弹爆炸"？

否。"大爆炸"并不是一个准确的名字，容易使人误解为通常意义上如同炸弹一样的"爆炸"：火光冲天，碎片乱飞。实际上，炸弹爆炸是物质向空间的扩张，而宇宙爆炸是空间本身的扩张。有趣的是，据说科学家们曾经想要改正这个名字，但终究也没有找到更恰当的名称。

炸弹爆炸发生在三维空间中的某个系统所在的区域，通常

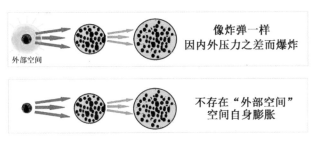

图11
宇宙"大爆炸"不同于炸弹爆炸

是因为系统内外的巨大压力差而发生。发生时系统的能量借助于气体的急剧膨胀而转化为机械功，通常同时伴随有放热、发光和声响效应，影响到周围空间。

对宇宙大爆炸而言，根本不存在所谓的外部空间，只有三维空间"自身"随时间的"平稳"扩张。有人将宇宙大爆炸比喻为"始于烈焰""开始于一场大火"，此类说法欠妥。

14.4.3 "星系扩张"？

否。什么是"空间本身的扩张"？

我们三维空间可能的几何形态有三种：球面、平坦、马鞍型，根据宇宙总质量密度与临界质量密度的比值 Ω 而定，即取决于 Ω 是大于、等于或小于 1。迄今为止的天文观察结果表明：我们的空间基本是平坦而无限的（ $\Omega=1.0010 \pm 0.0065$ ），因此，二维"空间扩张"可以比喻成一个可以无限伸长扩展的平面橡皮薄膜。

橡皮薄膜扩展时，上面的所有花纹也将扩展，宇宙空间扩展的情况则有所不同。如图 12 所示，空间膨胀时，星系的尺寸并不变大。这是因为"引起宇宙膨胀"和"维持星系形状"是两种不同的作用机制。星系的形状是靠一般的万有引力（吸引力）来维持，宇宙膨胀的机制尚未完全明确，一种说法是用爱因斯坦引进的宇宙常数来解释，这是一种互相排斥的"反引力"效应，由负压强产生（也就是所谓的暗能量），只在大尺度范围起作用。所以，大尺度范围的反引力使得宇宙膨胀，而局部起着主导作用的引力（吸引力）则维持天体聚集在一起，从而形成了图 12 下图所示的空间膨胀图景。

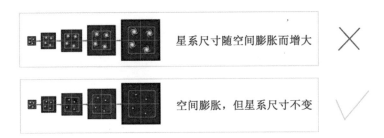

图 12

对空间膨胀的理解

如上所述，宇宙膨胀，但星系并不膨胀。星系不膨胀，其中的天体、恒星、行星，我们的太阳、地球、月亮，都不膨胀。也就是说，只有"大尺度"（星系间的距离尺度）的空间才有可观测的膨胀效应。原子中原子核和电子间的距离都是保持不变的，其原因是在原子中起作用维持平衡的主要是电磁力，连引力的作用都可忽略不计。因而，我们日常所见的一切：树木、高山、房屋、桌椅以及度量用的"尺"，都保持不变，与宇宙的膨胀完全无关。

当然，刚才所说的"星系不扩展"，指的是"星系"存在的前提下，强调的是现在（或将来）的观测结果，并不适用于将宇宙历史向大爆炸的原点倒退到星系产生之前的情况。

14.4.4 "宇宙中心"在哪？

宇宙无中心。但是，人类的"可观测宇宙"有中心——地球（银河系）。

望远镜发明以来，天文观测资料不断地调整着人类在宇宙中的地位。我们的自信心遭遇一次又一次的严重打击。人类从自认为是宇宙中心的位置上被拉下来，一步一步地往下拉！最后，我们不得不承认脚下的这片看起来广袤无垠的土地，只不过是茫茫宇宙中毫不起眼的一粒尘埃！与整个宇宙比较起来，太阳系显得如此渺小。即使是整个银河系，也让我们大失所望，它在宇宙中不过是数十亿计星系中的普通一个，毫无特殊性可言。

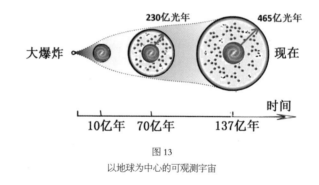

图 13

以地球为中心的可观测宇宙

根据宇宙学原理，宇宙是均匀和各向同性的，因而，整个宇宙没有中心。但是，很多时候我们所谓的"宇宙"，指的是对地球（银河系）而言的可观测宇宙。可观测宇宙有中心，只是整个"大宇宙"的一部分，观测点则是"可观测宇宙"的中心。

大宇宙有可能是无限的，可观测宇宙则总是有限的。如果大宇宙是有限的话，理论上而言，它可以小于可观测宇宙。但根据迄今为止的天文观察资料，我们的宇宙接近"平坦"。而大宇宙无论有限无限，都应该是大大地大于可观测宇宙。

14.4.5 "始于一点"？

否。大爆炸不是始于一个点，这句话有两重意义。一是如 14.4.1 所说，不是一个点，而是小于普朗克尺度的时空范围。第二个意义说的是：大爆炸不是发生于"一个点"，而是发生在空间的"每一点"。

如何理解"大爆炸发生在空间每一点"这句话？

大宇宙只有一个，但对每一个观测点都可以定义一个可观测宇宙。比如说，对银河系而言，目前可观测宇宙的大小是一个以银河系为中心半径为 465 亿光年的球，如图 13 所示。

从大爆炸开始，宇宙在不停地膨胀。所以，离大爆炸的原点越近，可观测宇宙的范围越小。地球年龄不过 45 亿年左右，银河系的年龄则超过 100 亿年，因而图 13 可以表示以银河系为中心的可观测宇宙。早到宇宙寿命 10 亿年左右，星系刚形成，从银河系大概只能观察到自己的星系。不妨假设银河系中心所在位置为 O_0。在接近大爆炸的时刻，可观测宇宙将缩小到弹子球，以至于一个原子的尺度，假设那时仍然以点 O_0 为中心。因此，对银河参照系而言，最开始的大爆炸发生于其中心点 O_0。但是，银河系只是真实宇宙中一个普通的星系，对其他星系而言，存在另外的以其他点 O_1、O_2、O_3……为中心的可观测宇宙，对这些星系，大爆炸分别发生于点 O_1、O_2、O_3……也就是说，大爆炸发生于初始空间的每一个点，如图 14 所示。

如果真实宇宙是平坦而无限的，初始空间也基本上是平坦而无限的，大爆炸发生在这个无限空间的每一个点。从大爆炸开始，本来就无限的宇宙，经历了暴胀、扩展、冷却、太初核合成、各种粒子不断地产生、湮灭……过程，最后，演化成为我们现在所见的星系世界。

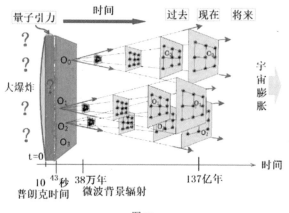

图 14
大爆炸发生在空间的每一点

14.5 ▪ 彭罗斯的"循环宇宙"

2020 年诺贝尔物理学奖，颁发给了英国牛津大学的彭罗斯教授，因其"证明了广义相对论导致了黑洞的形成"而获奖。这儿介绍的是彭罗斯的另一个工作："循环宇宙"模型[20]。

循环宇宙，也称共形循环宇宙学，是彭罗斯在广义相对论框架下提出的一个宇宙学模型。在该模型中，宇宙经历无限的循环迭代，前一次迭代的未来类时无限远与下一次迭代的大爆炸奇点相同。

宇宙的起点和终点，就这样连起来了。

罗杰·彭罗斯（Roger Penrose，1931— ）循环宇宙的思想不同于佛教就个体生命而言的转世"轮回"，倒有点像尼采的宇宙"永恒轮回"。但无论如何，为避免混淆，我们将它翻译成循环宇宙说，不叫轮回。

彭罗斯共形循环宇宙模型的数学基础是共形映射，也叫保角变换。"保角"一词反映了变换的几何意义，即保持了两条光滑曲线之间的角度以及无穷小结构的形状不变，但不保持它们的尺寸。如图 15（a）所示的两个共形映射，倘若保持曲线间的夹角为直角，那么图中所示的小矩形在变换后仍然映射成矩形，但每个矩形的尺度变化了。

保角变换是数学物理中一种常用的方法。如果物理定律在变换下保持不变，比如电磁场方程，就可以利用保角变换将复杂的边界条件变换成简单形状的边界条件，以方便求解，解出

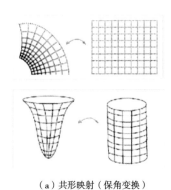

（a）共形映射（保角变换）

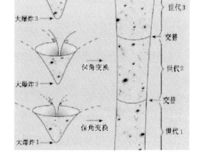

（b）彭罗斯的我循环宇宙

图 15
共形映射应用于循环宇宙模型

后再变回原来的空间。

在彭罗斯的理论中，他利用与图 15（a）类似的变换，将宇宙"大爆炸 + 膨胀"的双曲面（类似）时空结构，映射成貌似柱面的形状。也就是说，在大爆炸的时间点，原来密集缩小的空间被变换拉伸了；而对未来而言，变换可以将无限扩张的空间限制在有限的范围内。

然后，彭罗斯进一步设想，这种变换后看起来像"柱面"的时空结构可以一个一个地首尾相连，接成一长串平滑过渡的时空流形，并一直延续下去。或者说，如果把我们现在的宇宙（从大爆炸到未来）看成一个"世代"的话，便有无穷多个这样类似的"世代"接在一起。

这样的宇宙模型可以回答人们关于宇宙"过去未来"的问题。比如说"大爆炸之前是什么？"答案是"上一个世代的结束"。而宇宙的未来呢？则将会诱发下一个大爆炸，并进入一个新的世代。彭罗斯的模型，看起来的确是将大爆炸宇宙赋予了一个世代交替、永恒循环的似稳态图景，如图 15（b）所示的那样，宇宙就这样"循环"起来。

然而，原始的粗糙构想并非天衣无缝，而是四处窟窿。物理的、数学的问题，需要一个一个地逐步解决，以自圆其说。

彭罗斯对广义相对论解的"奇点"问题一直颇有研究。与时空曲率相关的奇点有两种：一是大爆炸类的时间奇点（$t=0$），另一种是黑洞类的空间奇点（$r=0$）。黑洞不是裸奇点，因为它有视界包围着，大爆炸则是裸奇点。大爆炸类型的奇点呈现的是时间的开始，黑洞是空间奇点，但在黑洞的视界以内，时间概念失去了它原有的意义。因此，对掉入了视界之内的物质而言，可以将黑洞奇点视为是时间的终结。或者说，黑洞奇点在某种意义上，是大爆炸奇点的时间反演。

既然是反演，彭罗斯想，也许可以将它们作为一个"世代"的结束？

从我们目前接受的大爆炸宇宙模型想象一下宇宙的未来：宇宙正在加速膨胀。这带来的后果是什么呢？每一个星系将越来越远离，成为一个个互相遥不可及的"宇宙孤岛"。另一方面，引力使得恒星和星系不断塌缩，形成越来越多、越来越大的恒星黑洞和超级黑洞。比如目前，仅在银河系的范围内，除了发现许多恒星黑洞的候选者之外，科学家们在 2008 年最终证实，银河系中心本身，就是一个质量约为太阳 400 万倍的超大黑洞。黑洞与黑洞有可能合并产生更大的黑洞，但从来不会分裂成更小的黑洞。

广义相对论所预言的经典黑洞是"只进不出"的，且结构简单，符合惠勒所说的"黑洞无毛定理"。意思是说黑洞只需要很少的几个参数来描述它。无论什么样形状和物质成分的天体，一旦塌缩成为黑洞，它就只剩下电荷、质量和角动量这三个最基本的性质，再无其他。后来，惠勒的一个学生贝肯斯坦在惠勒的支持下建立了黑洞熵的概念。既然黑洞具有熵，那它也应该具有温度，如果有温度，就会产生热辐射。受这个思想的启发，霍金于 1974 年提出了著名的霍金辐射（注：见前面章节 11.1.3 黑洞和量子力学）。

霍金辐射产生的物理机制是黑洞视界周围时空中的真空量子涨落。根据量子力学原理，在黑洞事件边界附近，量子涨落效应必然会产生出许多虚粒子对。这些粒子 – 反粒子对中的一个掉进黑洞，再也出不来，而另一个则飞离黑洞到远处，形成霍金辐射。逃离黑洞引力的粒子将带走一部分质量，从而造成黑洞质量不断损失。

霍金辐射的温度很低，与黑洞质量成反比，一个质量等于 10 倍太阳质量的黑洞，温度只有 6×10^{-9} 开尔文。目前宇宙微波背景辐射（CMB）的温度大约是 2.725 开尔文，但这个温度会逐步下降，越来越低。最后，如果黑洞的霍金辐射温度比微波背景辐射的温度更高的话，黑洞便将向周围辐射能量直至"蒸发"消失。

霍金后来修正了他的黑洞辐射理论，但彭罗斯更赞同霍金的原始想法，并将其应用在他的循环宇宙模型中。根据彭罗斯描述的每一个世代膨胀宇宙的未来：大大小小的黑洞像幽灵一样，游走在空旷而毫无生气的宇宙中，时而互相碰撞合并，时而"砰"的一声突然消失。这是一个异常乏味并将延续到"永恒"的宇宙，时间漫长到可能要经过 10^{100} 年。

不过，这 10^{100} 年的时间靠谁来计算呢？那时候，没有星系，没有你我，没有任何观测者（也许有暗能量和暗物质波？），很可能只剩下无质量的粒子，而无质量的粒子只能沿着光锥的表面运动，也就是说，它们的固有时间永远为 0，无法充当"时钟"的角色，对它们（光子）来说，永恒和一刹那是一样的。如果那时候的世界中只有光子这种无质量粒子的话，那么，整个世界的永恒和一刹那也是等同的。

（a）庞加莱的共形圆盘　　　　　　（b）彭罗斯图

图 16

将无限映射到有限

如上所述，彭罗斯的循环宇宙利用共形映射来连接差距极大的标准宇宙模型的"起点"和"终点"，即广义相对论解中的两类不同奇点：大爆炸和黑洞。在这起始奇点是整体的，只有一个；黑洞奇点却是局部的，有很多个。循环宇宙理论认为，应用共形映射的尺度变换，一方面可以将物质密度和温度极高（趋于无限）、体积极小的宇宙初始状态变换成密度、温度、体积都有限的时空。另一方面，也能将未来无限膨胀的宇宙时空变换成尺寸有限的范围。

如此一来，一个世代的起点就可以由上一个世代的终点平滑过渡而来，世代的未来又再平滑过渡到下一个世代的起点。无限大或无限小都可以映射成有限，类似于图 16（a）所示的庞加莱的共形圆盘模型，利用双曲共形变换，可将无限的双曲面映射到一个有限的圆形区域中。图 16（b）是彭罗斯早期发明的彭罗斯图（Penrose diagram，也称共形图），将无限大的时空映射到有限范围内以方便研究时空的因果关系。[①]

此外，彭罗斯也提出了外尔曲率假设（猜想），给时空的外尔曲率赋予了某种物理意义，认为从它可以计算引力场的熵。彭罗斯认为，大爆炸类型的奇点和黑洞类型的奇点，虽然看起来像是时间上互为反演，但实质上它们附近的几何性质有很大的不同：黑洞奇点附近的外尔曲率趋于无穷大。反之，在大爆炸奇点附近，外尔曲率等于 0，里奇曲率趋向无穷。

彭罗斯根据外尔曲率从大爆炸时的 0，增大到黑洞附近的无穷大，猜想或许可以用外尔曲率来表征引力场的熵。之后，他和其他科学家，构造了一个引力场的熵函数，正比于外尔张量平方的时空积分。

彭罗斯认为，考虑了引力熵之后，他的循环宇宙理论中宇宙的演化过程便毫无疑问地遵循热力学第二定律。大爆炸开始时，宇宙处于低熵状态；之后，熵逐渐增加，到宇宙的"永恒"终态时，熵达到极大值，趋向无穷。黑洞蒸发消失的过程从宇宙中移除熵，永恒时，熵被清零，下一个大爆炸开始。至于熵

---

① 彭罗斯在循环宇宙理论中使用的度规的共形映射，是对时空度规的"重新度量"：

$$g_{\mu\nu} = \Omega^2 g_{\mu\nu}$$

这里的 Ω 是定义在时空每一点的正实数函数，称为尺度变化因子。可以适当地选择平滑的尺度因子函数，使得在时空趋向无限大的时候，Ω 趋近于 0；而在大爆炸奇点附近，尺度变化因子 Ω 趋近无穷，这样便将世代从起点到终点映射成了一个平滑而有限的时空。

如何被清零，这点没有看到他的详细说明。

彭罗斯循环宇宙模型的关键是使用共形映射连接宇宙的初态和终态，但需要建立在宇宙的初态和终态都是共形不变的假设上。这要求那时的宇宙中不存在有静止质量的物质。彭罗斯对此有一些解释，但使人觉得比较牵强。

近二十年来的天文观测资料为物理宇宙学提供了宝贵的数据，以至于像彭罗斯这样的纯粹理论物理学家也企图从实验数据中寻找他的循环宇宙理论的证据。几年前，他曾经宣称在WMAP（威尔金森微波各向异性探测器）的微波背景辐射数据中显示出的同心圆是由于大爆炸之前的上一个"世代"的宇宙中的黑洞产生的，但这点没有得到实验分析专家们的认可，他们认为那是一种随机的效应。

尽管彭罗斯的循环宇宙模型尚不完善，也难以有实验证据的支持，但毕竟提供了一些有价值的思路。并且，人们由此而进行的有关共形几何、引力熵等数学物理概念的探讨，也是研究者们可以借鉴的。

第十五章
宇宙学的未解之谜

"仰观宇宙之大，俯察品类之盛，所以游目骋怀，足以极视听之娱，信可乐也。"——王羲之《兰亭集序》

宇宙中的未解之谜多如牛毛，这儿聊的几个是与物理学密切相关的。

15.1 ▪ 暗物质之谜

如今，人类探测到了引力波，这使物理学界振奋，也使我们想到了长久寻觅而不得的另一个目标：暗物质。非常遗憾，我们对暗物质的了解比对引力波的了解还要少。天文学家和宇宙学家们认定暗物质的存在，但仅此而已。

从 2013 年普朗克卫星给出的数据，在我们的宇宙中，通常物质大约只占 4.9%，暗物质大约占了 26.8%，其余剩下的 68.3%，则是所谓"暗能量"。

因此，暗物质构成了宇宙物质的四分之一。没有它，星星将脱离星系，星系会散架，宇宙秩序将被破坏。尽管暗物质对我们极其重要，我们却不清楚它是什么，只知道它们在某些方面类似于常见的普通物质：慢速运动、尘埃状、具有引力作用。因此，当我们在讨论"宇宙物质密度"时，将它们与普通物质同样处理。但是，我们知道它和普通物质有根本区别：没有电磁作用！不能发光也不会散射光，因而不能用光学手段探测到它们！是否引力波能为暗物质的探测开辟新天地呢？科学家们正在朝着这些新方向努力。

"暗物质"和"暗能量"虽然不能被看见，但人们认为它们的确存在。特别是暗物质的说法早已有之，最新观测数据只是再次证实它们的存在而已。早在 1932 年，暗物质就由荷兰天文学家扬·奥尔特提出来了。著名天文学家兹威基在 1933 年在他对星系团的研究中，推论出暗物质的存在。

弗里茨·兹威基（Fritz Zwicky，1898—1974），是在加州理工学院工作的瑞士天文学家，他对超新星及星系团等方面做出了杰出贡献，他是"个人发现超新星"的冠军，进行了长达 52 年的追寻，总共发现了 120 颗超新星。

兹威基在推算星系团平均质量时，发现获得的数值远远大于从光度得到的数值，有时相差上百倍。因而，他推断星系团中的

走近宇宙的现场

谈天说地

绝大部分的物质是漆黑看不见的，也就是如今所说的"暗物质"。

最早认定暗物质存在的有力证据是"星系自转问题"和"引力透镜效应"。

星系自转问题，是由美国女天文学家薇拉·鲁宾（Vera Rubin，1928—2016）观测星系时首先发现和研究的。很多星系都和我们银河系一样，在不停地旋转。根据引力规律，旋转星系应该和行星绕着太阳运动的规律一样，符合开普勒定律，即转动速度应与轨道距离的平方根成反比，距离中心越远，转动速度越慢。但是观测结果似乎违背了开普勒定律，在远离星系中心处恒星的转动速度相对于距离几乎是个常数。也就是说，星系中远处恒星具有的速度要比开普勒定律的理论预期值大很多。恒星的速度越大，拉住它所需要的引力就越大，这更大的引力是哪儿来的呢？于是，人们假设，这份额外的引力就是来自兹威基所说的星系中的暗物质。

天文学家在研究我们自己所在的银河系时，也发现它的外部区域存在大量暗物质。银河系的形状像一个大磁盘，对可见物质的观察表明其大小约为 10 万光年。根据引力理论，靠近星系中心的恒星，应该移动得比边缘的天体更快。然而，天文测量发现，位于内部或边缘的恒星，以大约相同的速度绕着银河系中心旋转。这表明银河系的外盘存在大量的暗物质。这些暗物质形成一个半径是明亮光环 10 倍左右的巨大"暗环"。

既然暗物质具有引力作用，就应该形成广义相对论所预言的时空弯曲。光线透过弯曲的时空后会偏转，类似于光线在透镜中的"折射"现象。这就是爱因斯坦预言的，多次被天文观测证实了的"引力透镜"效应，也将它们称为"爱因斯坦的望远镜"。兹威基在 1937 年曾经指出，有暗物质的星系团可以作为实现引力透镜的最好媒介。可想而知，由较为均匀分布散开在星系中的暗物质形成的透镜，肯定要比密集的天体形成的透镜"质量"好得多，见图 1。

也就是说，暗物质对光线没有直接反映，既不吸收也不发射，这点表明它们不能被看见的"暗"性质。但是，暗物质却能通过引力效应，间接影响到光的传播，使光线弯曲，成为引力透镜的"介质"。

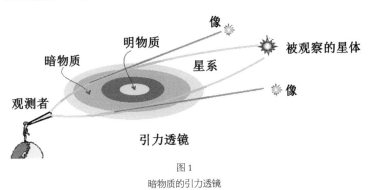

图 1
暗物质的引力透镜

暗物质形成的引力透镜，天文学家们不仅能用它们来研究其中暗物质的性质和分布情况，证实星系中暗物质的存在，还可以真正像使用望远镜一样，用它来研究和探索背景天体。

在图 1 中，观测者通过引力透镜现象观测某一个目标时，看到的是两个像，而不是一个。这是引力透镜观测中常见的现象。2015 年 3 月，哈勃太空望远镜拍到了一颗奇特而又罕见的场景，正在爆炸的遥远恒星（超新星爆发）的 4 个不同的影像。这 4 个影像排布成一个十字架的形状，这种景象通常被称为爱因斯坦十字架。天文学家们当时是在观测距离我们超过 50 亿光年的一个大质量椭圆星系时偶然拍摄到这个奇景的，他们观测和研究该星系及其周围的暗物质，没想到给了他们一个惊喜，背景中正好一颗超新星爆发，暗物质引力透镜将超新星一分为四！

引力透镜可表现为三种现象：一是多重像，如图 1 中所示的二重像，对应于强引力透镜现象。第二种是由于光线聚焦而使得光强增加，称之为微引力透镜。第三种叫作弱引力透镜现象，是在透过某星系进行大尺度观测时发现远处星系的形状改变，这种改变与暗物质的存在和分布紧密相关，是探测和研究暗物质的强大手段。

天文学家早有方法计算宇宙中"明"物质的总质量，暗物质比明物质多得多，这个比值是如何算出来的呢？从观测星系的恒星旋转速度与引力理论计算之差距，还有以星系作为引力透镜的效果，可以计算该星系中暗物质相对于正常物质的比值。普朗克卫星可以巡视整个可见宇宙中所有的星系，因而可以估计出整个宇宙中暗物质相对于正常物质的比值。

近年来天文学中对星系与星系团的观测，以及对宇宙微波背景辐射的研究也为暗物质的存在进一步提供了证据。

2006 年，美国天文学家利用钱德拉 X 射线望远镜对星系团 1E 0657−558 进行观测，无意间观测到星系碰撞的过程，星系团碰撞威力之猛，使得暗物质与常规物质分开，因此发现了暗物质存在的直接证据。

暗物质在大多数星系中普遍存在，但科学家们也发现一个没有暗物质或者暗物质很少的星系：螺旋星系 NGC4736。这种很少的例外也不知如何解释。

宇宙背景探测者（COBE）观测的背景辐射数据，也支持暗物质理论。

暗物质存在的证据确凿，但寻找暗物质的努力却所获甚少，其组成成分至今也未能全然了解。

暗物质是目前在解释各种星系及星系团观测结果上最热门的理论，但因为没有暗物质的直接观测证据，也有人怀疑是否我们的基础理论出了问题？是否引力理论用在星系尺度的时候需要一些修正？量子引力理论能否解释暗物质？替代理论很多，我们拭目以待，等待新理论和新实验探索中的佳音。

15.2 ▪ 暗能量之谜

爱因斯坦认为广义相对论是他的最得意之作，但他对该方程解出的结果却屡屡怀疑。例如，史瓦西找到了方程的球对称解析解，引出了后来的黑洞概念，但爱因斯坦从不相信会有这样的怪物存在。又如，弗里德曼导出的方程为宇宙演化模型（大爆炸）建立了坚实的理论基础，爱因斯坦开始也一度怀疑弗里德曼算错了。

除了史瓦西和弗里德曼之外，得到引力场方程精确解的重要人物中，还有一个叫作威廉·德西特（Willem de Sitter，1872—1934）的荷兰天体物理学家。他解出的德西特时空与宇宙常数Λ有关。

德西特可谓暗物质和暗能量研究的理论先驱，尽管在他有生之年从未听过这两个名词。他曾经与爱因斯坦共同发表有关宇宙中存在"看不见的"物质的论文；他从引力场方程得到的德西特时空则是目前公认的解释暗能量的最佳候选者。

爱因斯坦方程最直观的物理意义是"物质决定时空几何"：方程的一边代表物质，另一边代表几何。之后，爱因斯坦引进宇宙学常数Λ一项，企图使他的方程解维持一个稳定静止的宇宙图像，因为那是当时科学家们所公认的。爱因斯坦将含有宇宙学常数Λ的一项当作一种数学方法，以消除时空的不稳定因素而企图保持时空稳定。

德西特教授反应很快，立刻就为包含宇宙常数的引力场方程找到了一个精确解。不过，这个解令爱因斯坦目瞪口呆，因为该解适合的条件是时空中什么也没有，通常的能量动量张量完全为零，仅仅保留宇宙常数Λ相关项而得到的。换言之，德西特的解似乎说明，没有物质，只有宇宙常数Λ，就能产生时空弯曲的几何。

于是人们认为，宇宙常数项就是相当于某种类似于物质或能量的贡献，即如今所说的，真空中的"暗能量"。根据量子场论的理论，真空不空，具有能量，是物质存在的一种状态，宇宙学常数便与此能量有关。

有趣而古怪的宇宙学常数多次困惑爱因斯坦，也曾经给宇宙学家们带来反复多变的疑难。场方程中的这一项似乎可有可无，开始时，物理学家们和爱因斯坦一样，根据天文观测的实际数据来调整它的正负号，决定对它的取舍。比如，在1998年以前，人们认为宇宙是在减速膨胀，不需要宇宙常数这一项，便将它的值设为0。但大家又总是心存疑问，所以，那时候的"宇宙常数问题"是为什么宇宙常数是零？ 1998年的观测事实证明了宇宙是在加速膨胀，这下好了，宇宙常数不应该是零了！物理学家们将它请回来，用以解释宇宙为什么加速膨胀。但是，问题又来了：这个宇宙常数到底是个什么东西？它为什么不是零？

虽然物理学家们暂时将宇宙常数解释为真空能量，但怎样计算真空能量密度却是物理学中尚未解决的一个大问题。如果把真空能量当作是所有已知量子场贡献的零点能的总和的话，这样得出来的结果比天文观测得到的宇宙常数值大了120个数量级！并且，观测得到的宇宙常数值与现在的物质能量密度有相同的数量级，使人感觉更可信。但从理论上而言，真空能应该如何计算呢？这是又一个宇宙学常数相关的疑难问题。

总而言之，宇宙学家们对宇宙常数颇有兴趣，其原因是它代表的是一种"排斥"类型的引力。我们知道，电磁作用中的电荷有正有负，因而电磁力既有吸引作用也有排斥作用。但由普通物质的质量产生的引力却只有吸引绝不排斥。没有宇宙常数的参与，人们无法解释宇宙的加速膨胀。

所以，宇宙常数变成了"暗能量"的同义词。

根据普朗克卫星提供的数据，暗能量在宇宙的物质成分中占了百分之七十左右，暗物质有百分之二十六左右，留下的百分之四才是我们熟知的普通物质。天文学家是如何得到这些数值比例的？

这确实是一个有意思的问题。想想平时是如何得到各种物质材料质量之比的，我们使用的是天平或者"秤"。可是，普朗克卫星又不能把天体拿到"秤"上去称，它报告的物质比例从何而来呢？

在天文学中估算天体质量时，人们利用的是在引力理论基础上建立的各种数学模型，无论是行星、恒星、星系，还是各种天文现象，都有其相应的数学模型。这些模型，便是"称量"宇宙的秤。数学模型中有许多未知的参数，需要由天文观测的数据来决定。普朗克卫星主要是通过测量微波背景辐射中的细微部分来获得这些参数，然后，研究人员将这些数据送入计算机，解出数学模型，最后得到各种成分之比例。

这是一个相当复杂的过程，包括了很多物理理论、数学知识、计算技术、工程设计等等方面的知识。就物理概念的大框架来说，科学家们大概用如下方法估计这个比例。

根据观测星系中恒星旋转速度与理论计算之差距，以及引力透镜的效果，可以计算星系中暗物质相对于正常物质的比值。天文学家早有方法计算宇宙中"明"物质的总质量。然后，从"明暗"物质的比例便能算出宇宙中暗物质的总质量。

从宇宙学的角度，天文学家有两种方法估计"宇宙的总质量"。一是从宇宙膨胀的速度和加速度，二是根据宇宙的整体弯曲情况。

宇宙学研究宇宙的大尺度结构和形态，用来估算宇宙作为一个整体的曲率和形状：宇宙是开的，还是闭的？是像球面、马鞍面，还是平面？这个整体模型涉及一个"临界质量"。如果宇宙的总质量大于临界质量，比较大的引力效应使得宇宙的整体形状成为球面；如果宇宙的总质量小于临界质量，引力效应更弱一些，宇宙的整体形状是马鞍面；如果宇宙的总质量等于临界质量，则对应于整体平坦的宇宙。

根据宇宙学得到的天文观测资料，我们的可观测宇宙在大尺度范围内是平坦的，说明宇宙的总质量大约等于临界质量。

但是，从宇宙加速膨胀得到的宇宙总质量，或者考虑平坦宇宙应该具有的临界质量，都大大超过观测所估计的"明暗物质"之总和。物理学家提出的"暗能量"，便可以解释这个宇宙组成中所缺失的大部分。如此便算出了刚才所说的各种物质的比例。

暗能量像是存在于宇宙中的一种均匀的背景，在宇宙的大范围中起斥力作用，加速宇宙的膨胀，但是，在严格意义上，又不能将它说成是一种通常意义下的斥"力"，因此，只能称其为能量。而在现在的物理理论中，也不见具有如此秉性的"能量"，因而称其为"暗能量"。

走近宇宙的现场

谈天说地

人们容易将暗物质和暗能量混淆。并且，根据爱因斯坦的质能关系式：$E=mc^2$，质量和能量可以看作是物质同一属性的两个方面，那么，为什么还要将两种"暗货"区别开来呢？其中原因很难说清，基本上还是因为我们尚未明白它们到底是什么？

因为暗物质和暗能量两个概念在本质上有所区别，因此在宇宙中的具体表现也大不相同。暗物质吸引，暗能量排斥。暗物质的引力作用与一般普通物质之间的引力一样，使得它们彼此向内拉，而暗能量却推动天体互相向外分离。暗物质的影响表现于个别星系，而暗能量仅仅在整个宇宙尺度起作用。可以用一句话如此总结宇宙不同成分的作用：宇宙由明物质和暗物质组成，因暗能量而彼此分开。暗质量增加宇宙中的质量，使得天体互相拉近。而暗能量将宇宙尺寸扩张，使得其间的天体互相分离。在宇宙演化的 138 亿年中，这两种作用不停地进行"拉锯战"。

尽管我们还不知道暗物质究竟由什么构成，也不清楚暗能量的作用机制，但通过天文观测的结果，对它们已经有所认识。比如说，天文学家们可以模拟暗物质的引力效应，研究它们如何影响普通物质，一般来说，暗物质的运动速度大大小于光速。构成暗物质的粒子应该是电中性的，也许具有很大的质量。

目前我们对暗能量仍然知之甚少，当下的宇宙常数疑难也就是暗能量疑难。宇宙常数或暗能量，仍然是一个未解之谜。

15.3 ▪ 磁单极子之谜

　　磁单极子疑难并不完全属于宇宙模型的问题，因为从来没有人观测到磁单极子，但许多大师级物理学家却相信磁单极子存在。

　　人类最早从天空中的雷鸣闪电而认识了电现象，对磁铁的认识稍晚一些，但也已经是七八百年之前的事情了。早在 1269 年，一个法国科学家发现在天然磁石附近，铁粉会作有规则的排列，形成所谓磁力线。这些假想的"力线"集中会聚于磁石的两端。人们将此两点与地球的子午线在两个地理极点交汇作类比，称之为"北极"和"南极"。

　　之后，物理学家进一步发现，磁石的南北极总是同时存在的，你无法将它们分开。当你将一个天然磁铁"切"开而企图分成两部分时，你得到两个磁铁，它们分别具有南极和北极。也就是说，你总共会得到 4 个磁极，却无法得到一个单独的磁极（南极或北极），即磁单极子。

　　在电磁现象的日常经验中，磁荷只是以偶极子的形态出现的。电也有偶极子效应，比如说，如果将正电荷堆积在绝缘棒的一端，负电荷堆积在另一端，可以形成与磁铁类似的力线，如图 2 所示。但是，电偶极子可以分开成正和负两部分，而磁偶极子不行。

　　后来，科学家奥斯特发现了磁现象和电现象之间的联系。

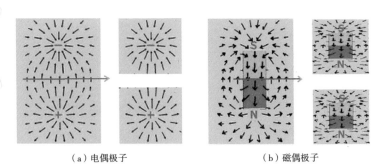

（a）电偶极子　　　　　　　　　（b）磁偶极子

图2

电偶极子可以分开，磁偶极子不能

法拉第对电和磁做了大量的实验研究工作之后，经由麦克斯韦天才地用数学公式加以总结归纳，建立起了经典电磁理论的宏伟大厦。然而，麦克斯韦的数学水平虽高，也没有将他的方程写成电和磁完全对称的形式，因为那不符合物质结构的本来面目，这也是物理理论和纯数学的区别。不妨试想一下，如果没有那些基于实验事实的安培定律、高斯定律之类的，仅仅让麦克斯韦单纯从某些对称原理以及基本物理原理出发来构建电磁理论，就像爱因斯坦建立相对论那样，他应该可以在引进电荷的同时也引进磁荷从而将他的方程组建造成完美无缺的对称形式。当然，相对论也是物理理论，仍然必须经受实验及天文观测的检验，爱因斯坦比较幸运，迄今为止广义相对论仍然被物理主流界接受和承认，也许可以将爱因斯坦的幸运解释成上帝的确是按照数学美的方式来设计世界的。

磁单极子的存在性在科学界时有纷争。按照目前已被实验证实的物理学理论，磁现象是由运动电荷产生的，没有磁单极子，但数个尚未得到实验证实的超越标准模型的物理理论（如大统一理论和超弦理论）预测了磁单极子的存在。

无论如何，我们物质世界的结构在电和磁方面本质上就是不对称的。19 世纪末，约瑟夫·汤姆逊发现电子，20 世纪初，物理学家们建造了物质结构的分子原子模型，电荷（单极子）的存在毋庸置疑，磁单极子却谁也没见过，因而，麦克斯韦方程最好还是写成那个不对称的样子。

实际上，如果类似于电荷，也引进磁荷的概念，并将电荷和磁荷看成是某种二维"电磁荷"的两个不同分量，麦克斯韦方程不难推广成完全对称的形式。在推广了的方程中，电荷和磁荷经过对偶变换互相转换，一个基本粒子可以具有电荷，磁荷，或者两者皆有。比如说，可以认为电子所具有的不是电荷，而是一个"磁荷"，或者说认为电子有一半电荷一半磁荷，理论照样成立。但是，还是那个原因，因为单独磁荷并不存在，这种推广了的麦克斯韦方程没有好处，只是画蛇添足而已。

因此，连狄拉克这种非常要求数学美的科学家也不想将麦克斯韦方程组做一般的推广，他说，让经典电磁理论就保持那种形式吧。不过，磁单极子还是需要的，哪怕就只有一个也行，就可以在量子电动力学中解决电荷量子化的问题了。于是，狄拉克将电磁理论做了一个最简单的推广：考虑只包括一个"假想"磁单极子的情况，即一个位于坐标原点的点磁荷[21]，见图 3。

电荷量子化的问题，指的是为什么我们观察到的粒子的带电量总是电子带电量的整数倍？狄拉克用他的磁单极子解释了这点。狄拉克的磁单极由磁荷 q_m 产生，是一条细长的螺线管（狄拉克弦）的一端。它在距原点 r 处产生的磁感应强度 B 正比于 q_m/r^2 向外呈辐射状，如图 3。因为 B 的散度几乎在任何地点都为 0，除了原点，也就是点磁荷所在之处，所以我们可以局域地定义磁矢势 A，使磁矢势 A 的旋度等于磁感应 B。

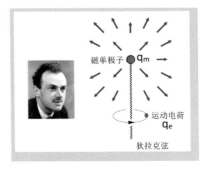

图 3
狄拉克磁单极子

考虑一个绕着螺线管旋转的电荷 q_e，其经典总角动量正比于 $q_e q_m$，与两个粒子之间的距离无关。将此应用于量子力学，总角动量被量子化，只能等于 $\hbar$ 的整数倍。因此，我们可由角动量的量子化证明电荷和磁荷的量子化。[①]

以上介绍的狄拉克磁单极子实际上是麦克斯韦方程的一个

－－－－－－－－－－－－－－－－－－－－

①

$$B = \frac{q_m}{4\pi r^2}$$

$$\psi = e^{i q_e q_m}$$

狄拉克量子化条件：
$$q_e q_m = n \times 2\pi$$

另外一种方法是直接从量子力学的角度来理解：绕狄拉克弦转圈的电荷的波函数 $\psi = exp(i\varphi)$ 中的相位 φ 正比于 $q_e q_m$，即 $\psi = exp(i q_e q_m)$。因为电子在绕行一圈后总是回到同一点，其波函数的相位 φ 应该是 2π 的整数倍，即 $q_e q_m = n \times 2\pi$，如此也能解释电荷的量子化问题。

奇异解。所谓狄拉克弦，则是从磁荷引出的，携带磁通量延伸到无限远的一条数学上的半直线。因为狄拉克的磁单极子连着这一根长长的"弦"，使人感觉不怎么舒服，不太像一个真实存在的基本粒子，更像一个数学模型。但是无论如何，它可以帮助解释电荷为什么总是某个基本电荷的整数倍这个经验事实。狄拉克十分欣赏他的这个杰作，也坚定地相信磁单极子在自然界应该存在，他甚至说："如果大自然没用这个招数的话，那才叫奇怪呢。"

物理学家试图用自发对称破缺的规范理论将强相互作用与电弱作用统一在一起，称之为大统一理论（GUT）。这个理论当然也需要电荷量子化，因此，狄拉克的"高招"加上吴－杨的推广也被搬到了大统一理论中，并且，相应的对应物：磁单极子（t`Hooft–Polyakov），已经从狄拉克磁单极子改头换面，面目全非，它不再是塞进理论中的数学模型，而是从理论导出的，对称破缺时的必然结果，它们不但被要求用以解释电荷量子化的问题，还是一个应该能够被实验验证的东西（见图4）。

困难在于大统一理论中的磁单极子质量太大了（10^{16}GeV），这是现有的加速器无法达到的数量级。

根据大统一理论和宇宙学，在宇宙早期，四种基本作用力是一致的，随着宇宙膨胀温度下降，重力首先分支出去。然后，电磁和强弱三种力一致，直到在希格斯场的作用下发生对称性破缺，这时必然会存在磁单极子的解。因此，理论预言宇宙中应该存在大量的磁单极子。但实际上我们在实验室及宇宙中从来没有找到过任何作为基本粒子的磁单极子。非孤立的磁单极准粒子确实存在于某些凝聚态物质系统中，人工磁单极子已经被德国的一组研究者成功地制造出来。但这些实验中观

图4
大统一理论（GUT）中的磁单极子

察到（更准确的说法，是被制造出来）的类似于磁单极子的东西，并不是物理学家们期望的那种基本粒子，而只能算是某种非孤立的、具有磁单极特征的"准粒子"而已。

那么，大统一理论认为应该在宇宙早期产生的磁单极子到哪里去了？为什么不能探测到它们？如何从宇宙的大爆炸模型解释这个现象？这便是所谓的"磁单极子疑难"。磁单极子是21世纪物理学界重要的研究主题之一。

REFERENCE
参考文献

［1］Lloyd, Geoffrey E. R. *Early Greek Science: Thales to Aristotle* [M] . New York: W. W. Norton & Co. 1970.

［2］李大耀，开启航天大门的金钥匙：齐奥尔科夫斯基公式 [M]，北京：高等教育出版社，2014.

［3］[美] 斯蒂芬·温伯格 . 张军等译 . 给世界的答案：发现现代科学 [M] . 北京：中信出版集团，2016 : 60.

［4］张天蓉 . 时空本质：相对论的故事 [M] . 北京：清华大学出版社，2021 : 60.

［5］张天蓉 . 极简量子力学 [M] . 北京：中信出版集团，2019 : 60.

［6］维基百科：火星殖民

https://zh.wikipedia.org/wiki/%E7%81%AB%E6%98%9F%E6%AE%96%E6%B0%91

［7］史蒂芬 . 彼车奈克（Stephen L. Petranek）. 邓子矜译 . 如何在火星上生活 [M] . 台北：天下杂志股份有限公司，2016 年 1 月 .

［8］傅承启 . 宇宙膨胀与宇宙学距离 [J]，世界科技研究与发展，2005，27（5）：16—20.

［9］（美）盖尔 .E. 克里斯琴森 [GaleE.Christianson] . 何妙福，

朱保如，傅承启译. 星云世界的水手：哈勃传 [M] . 上海：上海科技教育出版社，2000 年，198–270.

[10] 维基百科：哈勃深空

https://zh.wikipedia.org/zh–cn/

[11] Misner, Charles W.; Kip S. Thorne; John Archibald Wheeler. *Gravitation*. San Francisco: W. H. Freeman. September 1973.

[12] Jacob D. Bekenstein, Black Holes and Entropy [J] , *Phys. Rev. D 7*, 2333, 1973.

[13] Hawking, S. W. "Black hole explosions ？ " [J] . *Nature* 248（5443）: 30–31. 1974.

[14] Einstein, A., Infeld, L., Hoffmann, B.: The Gravitational Equations and the Problem of Motion [J] . In: *Annales of Mathematics* 39, 65–100. 1938.

[15] 张之翔. 赫兹和电磁波的发现 [J] . 物理，1989，18（5）: 303–308.

[16] Max Born; Emil Wolf. *Principles of Optics: Electromagnetic Theory of Propagation, Interference and Diffraction of Light*（7th Edition）（Hardcover）. Cambridge University Press. October 13, 1999: 334 [2008–07–08] .

[17] Edward Robert Harrison, *Darkness at Night: A Riddle of the Universe* [M] . Harvard University Press., 101, 1987.

[18] Grupen, Claus, *Astroparticle Physics* [M] ., Springer, pp.123–148, 2006.

[19] Steven Weinberg, *The First Three Minutes: A Modern View of the Origin of the Universe* [M], Basic Books, 96–200, 1977.

[20] RogerPenrose, *Cycles of Time: An Extraordinary New View of the Universe*, Knopf, USA, 2011.

[21] P.A.M. Dirac, Quantised Singularities in the Electromagnetic Field [J] , *Proc. Roy. Soc.* A 133, 60, 1931.

POSTSCRIPT
后记

这本书起始于作者做的一个"谈天说地"视频系列讲座。感兴趣的读者可以在 YouTube（https://www.youtube.com/playlist?list=PL6YHSDB0mjBLmFkh2_9b9fAIN7C4618gK）上看到。视频系列也同步发表在微信公众号：深究科学（ID：deepscience）的视频号上。

由于航天业的发展和观测技术的进步，天文学和宇宙学已成为当今的热门。原来认为只能从数学和理论方面研究的黑洞、引力波等领域，近几年成果累累，喜讯频传。诺贝尔物理学奖已经连年垂青天文学家们，有近 30 位天文学家获得了诺贝尔奖，包括研究黑洞物理的以及探测引力波等等。

这些，显示了人们对了解天空中未知世界的渴望，体现了科学界对未来宇宙探索的重视。

天文学和宇宙学的谜团还有很多很多，令人敬畏又向往的星空中，隐藏着大自然永恒的秘密，启发人们永无休止地探索。

　　科学的天空从来就不是晴空万里，就物理学而言，20 世纪初的两朵乌云掀起了经典物理的革命，从中诞生了相对论和量子论。如今，近代天文学和宇宙学天空中也有重重疑云和片片暗点，它们又将带给我们些什么呢？人类期待着下一个牛顿，下一个爱因斯坦，期待着科学的新一轮革命。愿本书能为此目标略尽绵薄！